北京市高等教育精品教材立项项目
全国电子信息类优秀教材

组态软件技术及应用
（第2版）

曹　辉　马栋萍　王　暄　耿瑞芳　主编

電子工業出版社·

Publishing House of Electronics Industry

北京·BEIJING

内 容 简 介

本书为北京市高等教育精品教材立项项目。

本书在结构上分为上、下两篇。上篇介绍基础知识，包括 6 章内容，对 MCGS 组态软件的各部分的特点和使用进行详细介绍；下篇为应用实例，包括 3 章内容，针对实际项目，详细阐述了两种典型的自动控制系统（顺序控制和过程控制）和一个大型巡回检测系统的设计过程。

本书可作为高等院校自动化、计算机控制技术、生产过程自动化技术等相关专业的教材，也可作为有关在职人员继续教育的培训教材，同时可作为自学监控组态软件的工程人员的入门读物。

图书在版编目(CIP)数据

组态软件技术及应用 / 曹辉等主编. —2 版. —北京：电子工业出版社，2012.8

电气工程·自动化专业规划教材

ISBN 978-7-121-17838-2

Ⅰ. ① 组… Ⅱ. ① 曹… Ⅲ. ① 软件开发—高等学校—教材 Ⅳ. ① TP311.52

中国版本图书馆 CIP 数据核字（2012）第 182079 号

策划编辑：章海涛

责任编辑：章海涛　　　　　　特约编辑：张　玉

印　　刷：北京盛通数码印刷有限公司

装　　订：北京盛通数码印刷有限公司

出版发行：电子工业出版社

　　　　　北京市海淀区万寿路 173 信箱　邮编　100036

开　　本：787×1092　1/16　印张：12.75　字数：326 千字

版　　次：2009 年 1 月第 1 版

　　　　　2012 年 8 月第 2 版

印　　次：2024 年 8 月第 19 次印刷

定　　价：38.00 元

凡所购买电子工业出版社图书有缺损问题，请向购买书店调换。若书店售缺，请与本社发行部联系，联系及邮购电话：(010) 88254888。

质量投诉请发邮件至 zlts@phei.com.cn，盗版侵权举报请发邮件至 dbqq@phei.com.cn。

服务热线：(010) 88258888。

前　　言

　　组态控制技术是计算机控制技术发展的产物，其先进性和实用性为工业现场的广大工程技术人员认可，并得到了广泛的应用。目前，组态软件市场上产品多样，其中 MCGS 是优秀的中文监控组态软件之一，它功能强大、使用方便，可以容易地实现监视、控制、管理等各项功能。

　　本书为北京市高等教育精品教材立项项目，2012 年被中国电子教育学会评为"全国电子信息类优秀教材"。

　　本书介绍基于 MCGS 组态软件实现计算机控制系统的设计过程，将理论教学与实践教学相结合，使读者能够较快地学会 MCGS 组态软件的使用方法以及基于 MCGS 的自动控制系统的基本设计方法，从而掌握这一现代化技术手段。

　　本书在结构上分为上、下两篇。

　　上篇介绍基础知识，包括 6 章内容，对 MCGS 组态软件各部分的特点和使用进行详细介绍。

　　第 1 章阐述什么是组态技术、MCGS 组态软件的特点及应用；第 2 章讲述实时数据库的创建方法和过程；第 3 章讲解用户窗口的组态，包括用户窗口的画面制作和控件与数据对象的动画连接；第 4 章为运行策略的组态，包括策略构件的设置方法和脚本语言的使用等；第 5 章介绍设备窗口的组态方法，以及建立系统与外部硬件设备的连接，使得 MCGS 能从外部设备读取数据并控制外部设备的工作状态；第 6 章是主控窗口的设计，负责用户窗口的管理和调度，并调度用户策略的运行。其间以一个功能比较完整的工程实例作为引线贯穿全篇，在讲解原理和方法的同时，融合该工程的设计过程，使初学者能够快速入门，并进行简单的系统设计。

　　下篇为应用实例，包括 3 章内容，针对实际项目，详细阐述两种典型的自动控制系统（顺序控制和过程控制）和一个大型巡回检测系统的设计过程。

　　第 7 章介绍机械手自动分拣系统的设计和实现，体现顺序控制系统的设计思路；第 8 章讲解单容水箱液位自动控制系统组态软件的制作过程，体现过程控制系统的设计方式；第 9 章是一个 IPC 在水监控系统中的应用实例，阐述了巡回检测系统的实现过程。其间引入一些必要的理论知识来配合实例，反映了理论与实践的统一。

　　本书的编撰以突出实用性为原则，以培养实际技能为目的，强调基本知识与操作技能的紧密结合，既注意到 MCGS 组态软件功能的介绍，又注重到其实用性和易掌握性。 内容上由浅入深，采用案例教学模式，结合真实的工程实例介绍了组态软件应用程序的开发过程，案例及现象对比鲜明，一目了然。书中实例示范性强，难易适中，突出实用性、指导性，重视实践环节，侧重培养读者进行系统组态和系统调试的能力，体现了应用型教育的特点。

　　组态控制技术的教学模式可采用理论实践一体化方式，即在机房开展授课过程，构建"项目驱动型"课程内容教学体系，合理地将理论讲解、实例示范、操作练习、互动交流等结合在一起。

　　本书在保持第 1 版原有特色的基础上进行了修订，补充了组态软件技术领域发展的实际情况，对部分章节的内容及作业做了必要的调整，主要体现在前 6 章的内容中，在论述、内容表达和实例应用等方面加以完善，修改了相关术语，使其通俗易懂、词句准确并切合实际工程要求；基于教学内容循序渐进的原则，对部分段落的次序做了调整；增加了案例中的细节描述等，以提高全书的可读性。

本书可作为高等院校自动化、计算机控制技术、生产过程自动化技术等相关专业教学的教材，也还可作为有关专业人员继续教育的培训教材，同时可作为自学监控组态软件的工程人员的入门读物。

本书由曹辉、马栋萍、王暄、耿瑞芳主编。曹辉编写了第 1 章和第 9 章，马栋萍编写了第 2、7、8 章，王暄编写了第 3、4 章，耿瑞芳编写了第 5、6 章。全书由曹辉统稿。感谢梁岚珍认真审阅了本书，并提出了许多建设性的建议。

通过修订，力图使本书比第 1 版有所提高，但由于学识水平有限，书中难免有错误或不妥之处，恳请广大读者批评指正。

本书为任课教师提供配套的教学资源（包含电子教案），需要者可登录华信教育资源网站（http://www.hxedu.com.cn），注册之后进行免费下载，或发邮件到 unicode@phei.com.cn 进行咨询。

作　者

目　　录

第1章 组态软件概述

随着工业自动化水平的迅速提高和计算机在工业领域的广泛应用，人们对工业自动化的要求越来越高。尤其是计算机技术始终保持了较快的发展速度，各种软/硬件技术也已日臻成熟，可用的软/硬件资源丰富且标准统一，软件之间的互操作性强，易于学习和使用。因此，把计算机技术用于工业控制将会有成本低、可用资源丰富、易开发等特点。但把计算机与各种工业控制设备连接起来仍需要编写各种驱动程序、显示界面、数据处理等各种应用程序，对现场工程师来说，完成这样的任务不仅效率低下，而且会影响他们对控制任务本身的关注，组态软件正是在这个背景下发展起来的。组态软件能够很好地解决计算机与各种工业控制设备的底层连接和控制问题，使用户能根据具体的控制对象和控制目的任意组态，完成符合要求的自动化控制工程，而不是把主要精力放在编程上。

1.1 工控组态软件

1.1.1 工控组态软件简介

组态的英文是"Configuration"，组态软件就是用应用软件中提供的工具、方法来完成工程中某一具体任务的软件。工控组态软件是指在数据采集和过程控制中使用的专用软件，即在自动控制系统监控层一级的软件平台和开发环境下，为用户提供快速构建工业自动控制、系统监控功能的一种软件工具。

组态软件与工控机一起虽然也可以构成完整的控制系统，但实际上除了一些小型控制系统外，更流行的是分散控制系统，即组态软件一般用于自动控制系统的监控层，各种可编程控制器、仪表等组成系统的控制层。组态软件提供了监控层的软件平台和开发环境，通过灵活的组态方式，可使用户快速构建工业自动控制系统监控功能。组态软件应该能支持各种工控设备和常见的通信协议，并且通常应提供分布式数据管理和网络功能。对应于原有的 HMI（Human Machine Interface，人机接口软件）的概念，组态软件是一个使用户能快速建立自己的 HMI 的软件工具或开发环境。在组态软件出现之前，在进行自动控制系统软件设计时，用户通过手工或委托第三方编写 HMI 应用软件，这种方法的开发时间长、效率低、可靠性差。如果用户选择购买专用的工控系统，则遇到的问题是系统比较封闭，选择余地小，往往不能满足需求，很难与外界进行数据交互，升级和功能的增加都受到了一定的限制。组态软件的出现，为用户解决了这些问题，用户可以利用组态软件的功能，构建一套最适合自己的应用系统。目前，实时数据库、实时控制、SCADA、通信及网络、开放数据库互连接口、对 I/O 设备的广泛支持已经成为它的主要内容，随着计算机技术和自动控制技术的发展，监控组态软件还将会不断被赋予新的内容。

目前，常见的监控组态软件有美国 Wonderware 公司的 Intouch、Intellution 公司的 FIX 系统、德国西门子公司的 WinCC 等，国内主要有昆仑公司的 MCGS、亚控公司的 KingView 组态王、三维公司的力控等组态软件。这些组态软件都能完成类似的功能，如几乎所有运行于

32 位 Windows 平台的组态软件都采用类似资源浏览器的窗口结构，并且对工业控制系统中的各种资源（设备、标签量、画面、控制流程等）进行配置和编辑，都提供多种数据设备驱动程序，都使用脚本语言提供二次开发的功能，等等。但各种组态软件提供实现这些功能的方法并不相同，这些不同之处以及计算机技术发展的趋势，可以反映出组态软件未来发展的方向。

组态软件的主要使用者是从事自动化工程设计、维护、操作的技术人员，用户在使用组态软件时，可以生成适合自己需要的应用系统，而不需要修改软件程序的源代码。组态软件具有实时性和多任务性，可以在一台计算机上同时完成数据采集、信号数据处理、数据图形显示、人机对话、实时数据的存储、历史数据的查询、实时通信等多个任务。

1.1.2　数据采集的方式

大多数组态软件提供多种数据采集程序，用户可以根据需要进行相应的配置。然而，在这种情况下，驱动程序只能由组态软件开发商提供，或者由用户按照某种组态软件的接口规范编写，这对用户提出了过高的要求。由 OPC（OLE for Process Control，用于过程控制的 OLE [1]）基金组织提出的 OPC 规范基于 Microsoft 的 OLE/DCOM 技术，提供了在分布式系统下，软件组件交互和共享数据的完整的解决方案。在支持 OPC 的系统中，数据的提供者作为服务器（server），数据请求者作为客户机（client），服务器和客户机之间通过 DCOM 接口进行通信，而不需知道对方内部实现的细节。由于 COM 技术是在二进制代码级实现的，所以服务器和客户机可以由不同的厂商提供。在实际应用中，作为服务器的数据采集程序往往由硬件设备制造商随硬件提供，可以发挥硬件的全部效能，而作为客户机的组态软件可以通过 OPC 与各厂家的驱动程序无缝连接，所以从根本上解决了以前采用专用格式驱动程序总是滞后于硬件更新的问题。同时，组态软件可以作为服务器，为其他应用系统（如 MIS 等）提供数据。OPC 现在已经得到了包括 Intellution、Siemens（西门子）、GE、ABB 等国外知名厂商的支持。随着支持 OPC 的组态软件和硬件设备的普及，使用 OPC 进行数据采集必将成为组态软件中更合理的选择。

1.1.3　脚本的功能

脚本语言是扩充组态系统功能的重要手段，大多数组态软件都支持脚本语言。具体的实现方式可分为三种：一是内置的类 C/BASIC 语言，二是采用 Microsoft VBA 的编程语言，三是有少数组态软件采用面向对象的脚本语言。类 C/BASIC 语言要求用户使用类似高级语言的语句书写脚本，使用系统提供的函数调用组合完成各种系统功能。国内多数组态软件采用的就是这种方式，但这种方式对脚本的支持并不十分完善，许多组态软件只提供 IF…THEN…ELSE 的语句结构，并不提供循环控制语句，为编写脚本程序带来了一定的困难。Microsoft VBA 是一种相对完备的开发环境，采用 VBA 的组态软件通常使用 Microsoft VBA 环境和组件技术，把组态系统中的对象以组件方式加以实现，使用 VBA 的程序对这些对象进行访问。这种方式的缺陷在于，由于 Visual Basic 是解释执行的，所以 VBA 程序的一些语法错误可能

---

[1]　OLE（Object Linking and Embedding，对象链接和嵌入）不仅是桌面应用程序集成，而且定义和实现了一种允许应用程序作为软件“对象”（数据集合和操作数据的函数）彼此进行“连接”的机制。

到执行时才能发现。而面向对象的脚本语言提供了对象访问机制，对系统中的对象可以通过其属性和方法进行访问，比较容易学习、掌握和扩展，但程序的实现则相对比较复杂。

1.1.4　组态软件的开放性

随着管理信息系统（Management Information System，MIS）、计算机集成制造系统（Computer Integrated Manufacturing System，CIMS）的普及和工业控制领域的进一步要求，生产现场数据的应用已经不仅仅局限于数据采集和监控。在生产制造过程中，需要对现场的大量数据进行流程分析和过程控制，以实现对生产流程的调整和优化。目前，现有的组态软件对大部分这些方面的需求还只能以报表的形式提供，或者通过 ODBC（Open Database Connectivity，开放数据库互连）将数据导出到外部数据库，以供其他业务系统进行调用，在绝大多数情况下，仍然需要进行再开发才能实现。随着生产决策活动对信息需求的增加，可以预见，组态软件与管理信息系统或领导信息系统（Executive Information System，EIS）的集成必将更加紧密，实现数据分析与决策功能的模块形式很可能在组态软件中相继出现。

1.1.5　组态环境的可扩展性

组态软件的可扩展性体现在为用户提供了在不改变原有系统的情况下，向系统内增加新功能的能力，这种新增的功能可能来自于组态软件开发商、第三方软件提供商或用户自身。增加功能最常用的手段是 ActiveX 组件的应用，目前还只有少数组态软件能提供完备的 ActiveX 组件引入功能及实现引入对象在脚本语言中的访问。

1.1.6　对 Internet 的支持程度

现代企业的生产已经趋向国际化、分布式的生产方式，随着互联网的进一步普及和使用，Internet 将是实现分布式生产的基础。所有组态软件开发商面临的一个重要课题是组态软件能否从原有的局域网运行方式跨越到支持 Internet。限于国内目前的网络基础设施和工业控制应用的程度，笔者认为，在较长时间内，以浏览器方式通过 Internet 对工业现场进行监控，将会在大部分应用中停留于监视阶段，而实际控制功能的完成应该通过更稳定的技术，如专用的远程客户端、由专业开发商提供的 ActiveX 控件或 Java 技术实现。

1.1.7　组态软件的控制功能

随着以工业计算机为核心的自动控制系统技术的日趋完善和工程技术人员使用组态软件水平的不断提高，用户对组态软件的要求已不像过去那样主要侧重于画面，而是要考虑一些实质性的应用功能，如软 PLC（Programmable Logic Controller，可编程逻辑控制器）、先进过程控制策略等。

软 PLC 控制是基于计算机开放通信接口结构的控制装置，具有硬 PLC 在功能、可靠性、速度、故障查找等方面的特点，利用软件技术可将标准的工业计算机转换成全功能的 PLC 过程控制器。软 PLC 综合了计算机和 PLC 的开关量控制、模拟量控制、数学运算、数值处理、通信网络等功能，通过一个多任务控制内核，提供了强大的指令集、快速而准确的扫描周期、可靠的操作和可连接各种 I/O 系统及网络的开放式结构。可以这样说，软 PLC 提供了与硬 PLC 同样的功能，同时具备计算机环境的各种优点。

目前，国际上影响比较大的软 PLC 产品有：CJ International 公司的 ISaGRAF 软件包、PCSoft International 公司的 WinPLC、Wizdom Control Intellution 公司的 Paradym-31、Moore Process Automation Solutions 公司的 ProcessSuite、Wonder ware Controls 公司的 InControl、SoftPLC 公司的 SoftPLC 等。目前，国内的组态软件产品还不具备软 PLC 的控制功能，因此国内组态软件要想全面超过国外的竞争对手，必须有所创新，推出类似功能的产品。

1.2　MCGS 组态软件概述

MCGS 组态软件是由北京昆仑通态自动化软件科技有限公司研制开发的，其英文全称为 Monitor and Control Generated System，即"监视与控制通用系统"。该软件分为通用版、嵌入版和网络版，其中嵌入版和网络版是在通用版的基础上开发的，因此本书主要介绍通用版。

1.2.1　MCGS 通用组态软件的特点

MCGS 是目前比较流行的组态软件之一，其主要特点如下：

① 简单灵活的可视化操作界面。MCGS 采用全中文、可视化、面向窗口的开发界面，符合中国人的使用习惯和要求，使用时以窗口为单位，构造用户运行系统的图形界面。MCGS 的组态工作既简单直观，又灵活多变。用户可以使用系统的默认构架，也可以根据需要自己组态配置图形界面，生成各种类型和风格的图形界面，包括 DOS 风格的图形界面、标准 Windows 风格的图形界面并且带有动画效果的工具条和状态条等。

② 良好的并行处理性能。MCGS 是真正的 32 位应用系统，充分利用了 32 位 Windows 操作平台的多任务、按优先级分时操作的功能，因此实时性强，对在工程作业中实时性强的关键任务和实时性不强的非关键任务进行分时并行处理，使计算机广泛应用于工程测控领域成为可能。例如，MCGS 在处理数据采集、设备驱动和异常处理等关键任务时，可在主机运行周期时间内分时处理打印数据等类似的非关键性工作，实现系统并行处理多任务、多进程。

③ 丰富、生动的多媒体画面。MCGS 以图像、图形、报表、曲线等多种形式，为操作员及时提供系统运行中的状态、品质及异常报警等有关信息；通过对图形大小的变化、颜色的改变、明暗的闪烁、图形的移动翻转等多种手段，增强画面的动态显示效果；在图元、图符对象上定义相应的状态属性，实现动画效果。MCGS 还为用户提供了丰富的动画构件，每个动画构件都对应一个特定的动画功能。MCGS 还支持多媒体功能，使用户能够快速地开发出集图像、声音、动画于一体的漂亮、生动的工程画面。

④ 开放式结构，广泛的数据获取和强大的数据处理功能。MCGS 采用开放式结构，系统可以与广泛的数据源交换数据。除默认与 Access 连接外，MCGS 还提供多种高性能的 I/O 驱动；支持 Microsoft ODBC（开放数据库互连）接口，有强大的数据库链接能力；全面支持 OPC 标准，既可作为 OPC 客户机，也可以作为 OPC 服务器，可以与更多的自动化设备相连接；MCGS 通过 DDE（Dynamic Data Exchange，动态数据交换）与其他应用程序交换数据，充分利用计算机丰富的软件资源；全面支持 ActiveX 控件，提供极其灵活的面向对象的动态图形功能，并且包含丰富的图形库。

⑤ 完善的安全机制。MCGS 提供了良好的安全机制，为多个不同级别用户设定不同的操作权限。此外，MCGS 还提供了工程密码、锁定软件狗、工程运行期限等功能，大大加强了系统运行的安全性和保护组态开发者劳动成果的力度。

⑥ 强大的网络功能。MCGS 支持 TCP/IP、Modem、RS-485/ RS-422/ RS-232、Modbus、Devicenet 等多种现场总线网络体系结构，使用 MCGS 网络版组态软件，可以在整个企业范围内，用网页浏览器方便地浏览到实时和历史的监控信息，实现设备管理与企业管理的集成。

⑦ 多样化的报警功能。MCGS 提供多种不同的报警方式，具有丰富的报警类型和灵活多样的报警处理函数，不仅方便用户进行报警设置，并且实现了系统实时显示、打印报警信息的功能。报警信息的存储与应答，为工业现场安全、可靠地生产运行提供了有力的保障。

⑧ 实时数据库为用户分步组态提供极大方便。MCGS 由主控窗口、设备窗口、用户窗口、实时数据库和运行策略五部分构成，其中实时数据库是一个数据处理中心，是系统各部分及其各种功能性构件的公用数据区，是整个系统的核心。各部件独立地与实时数据库交换数据，并完成自己的差错控制。在生成用户应用系统时，各部件均可分别进行组态配置，独立建造，互不相干，而在系统运行过程中，各部件都通过实时数据库交换数据，形成互相关联的整体。

⑨ 支持多种硬件设备，实现组态与"设备无关"。MCGS 针对外部设备的特征，设立设备工具箱，定义多种设备构件，建立系统与外部设备的连接关系，赋予相关的属性，实现对外部设备的驱动和控制。用户在设备工具箱中可方便选择各种设备构件。不同的设备对应不同的设备构件，所有的设备构件均通过实时数据库建立联系，而建立时又是相互独立的，即对某一构件的操作或改动，不影响其他构件和整个系统的结构，因此 MCGS 是一个"设备无关"的系统，用户不必因外部设备的局部改动，而影响系统其余部分的组态。

⑩ 方便控制复杂的运行流程。MCGS 开辟了"运行策略"窗口，用户可以选用系统提供的各种条件和功能的策略构件，用图形化的方法和简单的类 BASIC 语言构造多分支的应用程序，按照设定的条件和顺序，操作外部设备，控制窗口的打开或关闭，与实时数据库进行数据交换，实现自由、准确地控制运行流程，同时也可以由用户创建新的策略构件，扩展系统的功能。

⑪ 良好的可维护性和可扩充性。MCGS 系统由五大功能模块组成，主要的功能模块以构件的形式来构造，不同的构件有着不同的功能，且各自独立。三种基本类型的构件（设备构件、动画构件、策略构件）完成了 MCGS 系统三大部分（设备驱动、动画显示和流程控制）的所有工作。除此之外，MCGS 还提供了一套开放的可扩充接口，用户可根据自己的需要用 Visual Basic、Visual C 等高级开发语言，编制特定的构件来扩充系统的功能。

⑫ 用数据库来管理数据存储，系统可靠性高。MCGS 中数据的存储不再使用普通的文件，而是用数据库来管理。组态时，系统生成的组态结果是一个数据库；运行时，系统自动生成一个数据库，保存和处理数据对象和报警信息的数据。MCGS 利用数据库来保存数据和处理数据，提高了系统的可靠性和运行效率，同时也使其他应用软件系统能直接处理数据库中的存盘数据。

⑬ 设立对象元件库，组态工作简单方便。对象元件库实际上是分类存储各种组态对象的图库。组态时，可把制作好的数据对象（包括图形对象、窗口对象、策略对象及位图文件等）以元件的形式存入图库中，也可把元件库中的各种对象取出，直接为当前的工程所用。随着工作的积累，对象元件库将日益扩大和丰富，这样解决了对象元件库的元件积累和元件重复利用问题，组态工作将会变得更加简单、方便。

⑭ 实现对工控系统的分布式控制和管理。考虑到工控系统今后的发展趋势，MCGS 充

分运用现今发展的 DCCW（Distributed Computer Cooperator Work，分布式计算机协同工作）技术，使分布在不同现场的采集设备和工作站之间实现协同工作，不同的工作站之间则通过 MCGS 实时交换数据，实现对工控系统的分布式控制和管理。

1.2.2　MCGS 组态软件构成

MCGS 系统包括组态环境和运行环境两部分。

用户的所有组态配置过程都在组态环境中进行，组态环境相当于一套完整的工具软件，帮助用户设计和构造自己的应用系统。用户组态生成的结果是一个数据库文件，称为组态结果数据库。

运行环境是一个独立的运行系统，按照组态结果数据库中用户指定的方式进行各种处理，完成用户组态设计的目标和功能。运行环境本身没有任何意义，必须与组态结果数据库一起作为一个整体，才能构成用户应用系统。一旦组态工作完成，运行环境和组态结果数据库就可以离开组态环境而独立运行在监控计算机上。

组态结果数据库完成了 MCGS 系统从组态环境向运行环境的过渡，它们之间的关系如图 1-1 所示。

图 1-1　组态环境向运行环境的过渡

由 MCGS 生成的用户应用系统，其结构由主控窗口、设备窗口、用户窗口、实时数据库和运行策略五部分构成，如图 1-2 所示。其中，运行时只有用户窗口是可见的，常被称为"前台"，其余部分被称为"后台"。

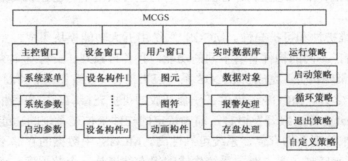

图 1-2　MCGS 组态环境的结构

主控窗口是用户应用系统的主窗口。一般情况下，单机版的用户应用系统只有一个主窗口，主窗口也是应用系统的主框架，展现工程的总体外观。主控窗口提供菜单命令，响应用户的操作。主控窗口可以负责管理用户窗口的打开和关闭、驱动动画图形和调度用户策略的运行等工作。主控窗口组态包括菜单设计和主控窗口中系统属性的设置。

设备窗口是 MCGS 系统与作为测控对象的外部设备建立联系的后台作业环境，负责驱动外部设备，控制外部设备的工作状态。系统通过设备与数据之间的通道，把外部设备的运行数据采集进来，送入实时数据库，供系统其他部分调用，并且把实时数据库中的数据输出到外部设备，实现对外部设备的操作与控制。

用户窗口用来组建应用系统的图形界面。一个用户应用系统经常根据需要创建多个用户窗口，创建用户窗口后，再根据功能需要放置各种类型的图形对象，定义相应的属性，为用户提供漂亮、生动、具有多种风格和类型的操作画面。

实时数据库是 MCGS 系统的核心，也是应用系统的数据处理中心，系统各部分均以实时数据库为数据公用区，进行数据交换、数据处理和实现数据的可视化处理。

运行策略是指对监控系统运行流程进行控制的方法和条件，能够对系统执行某项操作和实现某种功能进行有条件的约束。运行策略由多个复杂的功能模块组成，称为"策略块"，用来完成对系统运行流程的自由控制，使系统能按照设定的顺序和条件，进行操作实时数据库，控制用户窗口的打开、关闭以及控制设备构件的工作状态等一系列工作，从而实现对系统工作过程的精确控制及有序的调度管理。

本书将以上述这五大部分为主线来详细介绍组态软件技术的结构和应用，1.3 节将介绍一个应用组态软件的例子，以期使读者对组态软件先有一个大概的了解。

1.2.3　通用版 MCGS 组态软件的安装

MCGS 组态软件是专为标准 Microsoft Windows 系统设计的 32 位应用软件，必须运行在 Microsoft Windows 95/NT 4.0 或以上版本的 32 位操作系统中。

MCGS 组态软件的安装盘只有一张光盘。具体安装步骤如下：

（1）启动 Windows，在相应的驱动器中插入光盘。

（2）插入光盘后会自动弹出 MCGS 安装程序窗口（若没有窗口弹出，则运行光盘中的 AutoRun.exe 文件），如图 1-3 所示。

图 1-3　MCGS 安装程序窗口

（3）在安装程序窗口中选择"安装 MCGS 组态软件通用版"，启动安装程序开始安装，可以选择安装主程序及设备构件的驱动，如图 1-4 所示。

（4）先进行主程序的安装，安装程序将提示指定安装目录，用户不指定时，系统默认安装到 D:\MCGS 目录下，如图 1-5 所示。

（5）MCGS 系统文件安装完成后，安装程序要建立象标群组和安装数据库引擎，大约要持续数分钟，之后进行设备构件驱动的安装，可以选择所需类别、型号的设备来安装驱动，如图 1-6 所示。

（6）安装过程完成后，将弹出"安装完成"对话框，单击"结束"按钮，操作系统重新启动，完成安装。

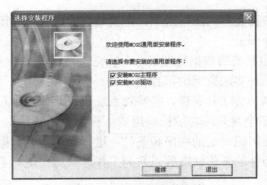

图 1-4　MCGS 通用版安装程序

图 1-5　安装路径选择

图 1-6　MCGS 通用版驱动安装窗口

　　安装完成后，Windows 操作系统的桌面上添加了如图 1-7 所示的两个图标，分别用于启动 MCGS 组态环境和运行环境。同时，Windows "开始"菜单中也添加了相应的 MCGS 程序组，如图 1-8 所示；MCGS 程序组包括 5 项：MCGS 组态环境、MCGS 运行环境、MCGS 电子文档、MCGS 自述文件以及卸载 MCGS 组态软件。运行环境和组态环境为软件的主体程序，自述文件描述了软件发行时的最后信息，MCGS 电子文档则包含了有关 MCGS 最新的帮助信息。

图 1-7　MCGS 运行环境和组态环境图标

图 1-8　MCGS 程序组

1.3　基于 MCGS 的某大型仪器自动老化台测试系统

　　某大型仪器 BL-3 是一种广泛用于科学研究、工业领域的重要装备，BL-3 出厂前要进行老化处理，该老化测试系统采用了 MCGS 组态软件技术，实现了自动老化、自动监测、自动报警、数据自动记录及处理等功能，与以前的手动处理相比大大提高了工作效率、降低了劳动强度、提高了仪器的老化质量。

1.3.1 系统工艺流程和控制要求

自动老化台测试系统示意图如图 1-9 所示。

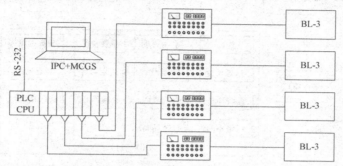

图 1-9 自动老化台测试系统示意图

系统由 4 台老化测试仪、1 台可编程控制器（PLC）和 1 台工控机（IPC）组成。该老化台测试系统可同时对最多 4 台 BL-3 进行老化处理。其中，老化测试仪负责采集 BL-3 的各种参数并将信号调理成 4~20mA 的标准信号，然后送到 PLC。一方面，PLC 将 4 台老化测试仪采集的信号送到上位机，另一方面监视这些信号，一旦发现异常立即采取报警、停机等措施。老化测试仪上还带有表头、LED 显示器和指示灯等，可实时显示 BL-3 的各参数和状态，此外还有手动检测插孔。IPC 中的 MCGS 负责数据处理、显示、存盘、打印等功能，另外负责发出各种老化指令。

限于篇幅，下面仅介绍系统对组态软件 MCGS 的控制要求。

◎ 通信要求：通过 RS-232 与 PLC 进行实时数据通信。上位机为主机，PLC 为从机，波特率为 9.6kbps。指令实时发送，上传/下送数据和状态每秒刷新一次。

◎ 工艺要求：通过 4 个操作界面可同时完成最多 4 台 BL-3 的手动/自动测试，测试方法自动时可对 BL-3 进行型号、老化循环次数（默认值为 5 个循环）、循环时间、各种参数进行预设定，可对高、低压老化进行选择，并具备提示功能和开关互锁功能，以免发生错误操作，需要手动测试时，可通过软件界面进行操作。

◎ 权限要求：系统的使用分为管理员、质检员和测试员三个级别。管理员级别最高，除可以进行各项操作外，还可以添加和删除质检员和测试员。质检员有设定和修改各项被测参数的指标及误差范围的权限，但无操作权。测试员有操作权但没有设定和修改各项被测参数的指标及误差范围的权限。

◎ 数据处理及查询要求：测试数据的刷新速度为 2 次/秒，实时数据的记录间隔为每 5 分钟 1 次（可修改）。产生停机的报警数据要实时记录，如果数据超限，显示数据背景变色并闪烁。发生严重超限 PLC 自动中断老化时，能显示超差数据至手动停止老化。老化结束后，可自动生成测试报表，供打印和查询用。

◎ 有数据库管理功能，能够按产品编号、老化日期、操作人员等关键词进行数据查询。

1.3.2 基于 MCGS 设计的测试系统的功能及效果

自动老化台测试系统的 MCGS 组态软件构成框图如图 1-10 所示。从图中可看出，系统由五大部分组成，其中用户窗口由 15 个子窗口组成。实际上，在系统运行时用户只能看到用户窗口，因此用户窗口又常称为系统的"前台"，其余部分常称为系统的"后台"。下面分别介绍这五大部分的功能和界面图。

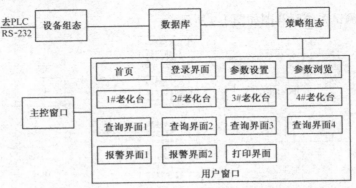

图 1-10　自动老化台测试系统的 MCGS 组态软件构成框图

1. 设备组态

本系统的设备组态要完成的功能是设定 PLC 与 MCGS 的通信连接，组态画面如图 1-11 所示。组态包括"设备 0"组态和"设备 1"组态，图 1-11 还列出了"设备 0"的组态窗口。组态完成后当运行时可自动完成 PLC 的内存区与 MCGS 数据库数据之间的数据交换，其中还包括数据交换前的预处理。关于组态的详细方法请参见本书第 5 章。

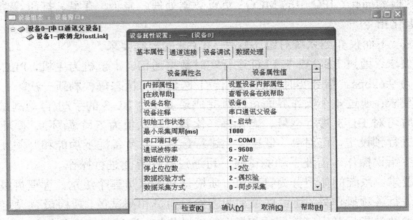

图 1-11　设备组态窗口

2. 实时数据库组态

在 MCGS 中数据是在实时数据库中进行组态的，图 1-12 列出了本系统部分数据组态的结果。本系统的数据总数为 366 个，数据组态的方法将在本书第 2 章中介绍。数据库是在系统进行存盘操作时自动建立的，使用的是 Windows 操作系统中的 Access 数据库。关于数据存盘的操作也将在本书第 2 章中介绍。

3. 运行策略组态

运行策略可以看成是 MCGS 的控制器，它由多个策略块组成，按照条件完成一系列规定的操作。本系统的运行策略组态由约 150 个策略块组成。图 1-13 列出了运行策略组态的窗口及部分策略块，策略组态的方法将在本书第 4 章中介绍。

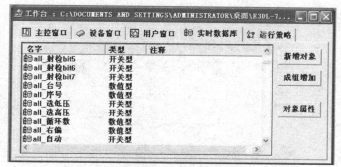

图 1-12　数据库组态窗口

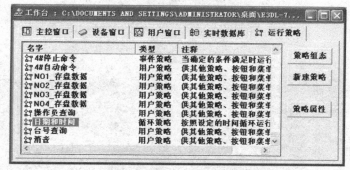

图 1-13　运行策略组态窗口

4. 主控窗口

在 MCGS 中，主控窗口可以看成是用户窗口的管理器，可以通过建立下拉菜单的方式管理用户窗口，可以完成用户登录、用户窗口的打开与关闭、窗口级的权限设定等工作。图 1-14 为主控窗口的组态结果，其方法将在本书第 6 章中介绍。

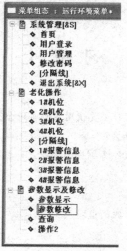

图 1-14　主控窗口

5. 用户窗口

在 MCGS 中，根据需要，用户窗口一般都有多个，本系统用户窗口数为 15 个，分别完成老化操作、报警显示、参数修改及显示、查询、打印等功能。限于篇幅，图 1-15 仅列出了老化操作、参数修改和运行这三个用户界面。

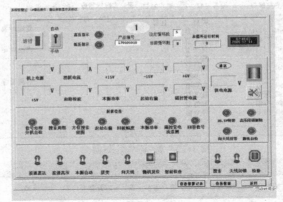

（a）老化操作窗口

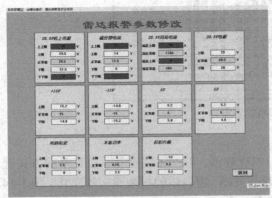

（b）参数修改窗口

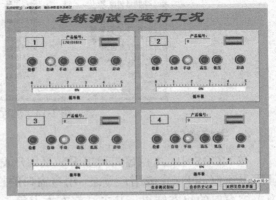

（c）运行窗口

图 1-15　用户界面

习　题　1

1-1　什么是工控组态软件？

1-2　工控组态软件的主要特点是什么？主要使用在哪些场合？

1-3　MCGS 组态软件的主要特点是什么？

1-4　MCGS 组态软件由哪几部分组成？各部分的功能是什么？

1-5　比较流行的组态软件有哪些？

1-6　组态软件的发展趋势是什么？

1-7　为什么组态软件一般用作控制系统的监控层？

第 2 章　实时数据库

实时数据库（Real Time DataBase，RTDB）作为信息化的重要组成部分，在实时系统中起着极其重要的作用。实时数据库是实现企业智能集成制造系统的核心之一，是实现先进过程控制、全流程模拟和生产调度优化的基础。

实时数据库主要用于工厂过程的自动采集、存储和监视，实现保存、检索连续变化的生产数据，并行地处理成千上万的实时数据，并及时记录过程报警，同时根据需要，把有关信息以事件的方式发送给系统的其他部分，以便触发相关事件，进行实时处理。实时数据库采用面向对象的技术，为其他部分提供服务，实现了系统各功能部件的数据共享。

实时数据库是 MCGS 工控组态软件的核心。MCGS 将整个实时数据库作为一个对象封装起来，提供一系列的方法和属性，使外部程序通过这些方法和属性能对 MCGS 进行各种操作。当 MCGS 运行起来后，实时数据库的对象被暴露出来，通过对象链接和嵌入（OLE）操作取到实时数据库对象，从而做到直接操作 MCGS 的目的。

2.1　创建实时数据库

要建立一个合理的实时数据库，在建立实时数据库之前，首先应了解整个工程的系统构成和工艺流程，弄清被控对象的特征，明确主要的监控要求和技术要求，如刷新时间、存盘或报警等。对实际工程问题进行简化和抽象化处理，将代表工程特征的所有物理量，作为系统参数加以定义并设定其属性。

数据对象是构成实时数据库的基本单元，建立数据对象的过程，实际就是构造实时数据库的过程，是按用户需求对数据对象的属性进行设置。

2.1.1　数据对象的分类

数据对象有开关型、数值型、字符型、事件型、组对象和内部数据对象等六种类型。其中，开关型、数值型、字符型、事件型、组对象是由用户定义的数据对象，内部数据对象则是由 MCGS 内部定义的。不同类型的数据对象，属性不同，用途也不同。

1. 开关型数据对象

开关型数据对象是记录开关信号（0 或 1）的数据对象，对应于开关量的输入/输出。其基本属性设置如图 2-1 所示，对象的初值可设为 0 或 1，一般对应关和开状态。

开关型数据对象也用于表示 MCGS 中某一对象的状态，如对应于一个图形对象的可见度、闪烁等状态。

2. 数值型数据对象

数值型数据对象是记录具体数值的数据对象，一般对应于模拟量的输入/输出，也可用于 MCGS 的内部数据处理，其基本属性设置如图 2-2 所示。

图 2-1　开关型数据对象的基本属性

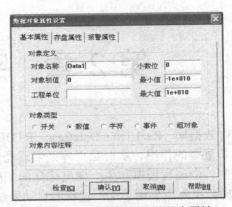

图 2-2　数值型数据对象的基本属性

在 MCGS 中，数值型数据对象的数值范围是：负数从-3.402823E38 到-1.401298E-45，正数从 1.401298E-45 到 3.402823E38。数值型数据对象有小数位、最大值和最小值属性，其值不会超过设定的数值范围。当对象的值小于最小值或大于最大值时，对象的值分别取为最小值或最大值。

3．字符型数据对象

字符型数据对象是存放文字信息的单元，用于描述外部对象的状态特征，如描述系统的运行状态是正常还是报警、系统运行时间等，都可以采用字符型数据对象，如图 2-3 所示。

字符型数据对象的值为多个字符组成的字符串，字符串长度最长可达 64KB，没有工程单位和最大值、最小值属性。

4．事件型数据对象

事件型数据对象用来记录和标识某种事件产生或状态改变的时间信息。例如，开关量的状态发生变化、用户有按键动作、有报警信息产生等，都可以看成是一次事件发生，其基本属性设置如图 2-4 所示。事件型数据对象的存盘属性与开关型数据对象的存盘属性相同；一般报警状态不用设置，对应的事件发生一次就报警一次，且报警的产生和结束是同时的。

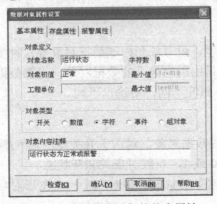

图 2-3　字符型数据对象的基本属性

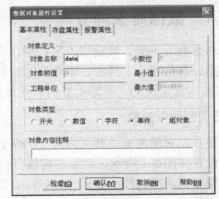

图 2-4　事件型数据对象的基本属性

事件型数据对象的值是由 19 个字符组成的定长字符串，用来保留当前最近一次事件所产生的时刻："年，月，日，时，分，秒"。年用四位数字表示，月、日、时、分、秒分别用两位数字表示，之间用逗号分隔。如"2005,02,03,23,45,56"，即表示该事件产生于 2005 年 2

月 3 日 23 时 45 分 56 秒。

5. 组对象

MCGS 引入了一种特殊类型的数据对象，即组对象。组对象是多个数据对象的集合，用于把相关的多个数据对象集合在一起，作为一个整体来定义和处理。组对象的成员可以是各种数据对象。在对组对象进行处理时，只需指定组对象的名称，就包括了对其所有成员的处理，基本属性如图 2-5 所示。组对象没有工程单位、最大值、最小值属性。

组对象只是在组态时对某一类对象的整体表示方法，应包含两个以上的数据对象，但不能包含其他数据组对象。一个数据对象可以是多个不同组对象的成员。组对象的实际操作是针对每个成员进行的。

6. 内部数据对象

在 MCGS 系统内部，除了用户定义的数据对象外，还定义了一些供用户直接使用的数据对象，用于读取系统内部设定的参数，称为内部数据对象，如图 2-6 所示。

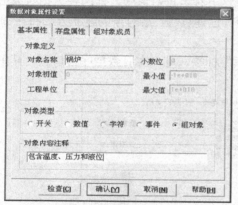

图 2-5　组对象的基本属性　　　　　　图 2-6　系统内部数据对象

MCGS 共定义了 13 个内部数据对象，其意义如表 2.1 所示。

表 2.1　内部数据对象名称、意义和类型

内部数据对象	意　　义	类　型
$Date	读取当前时间："日期"，字符串格式为 "××××年××月××日"，年用 4 位数表示，月、日用 2 位数表示，如 "2007 年 09 月 09 日"	字符型
$Day	读取计算机系统内部的当前时间："日"（1～31）	数值型
$Hour	读取计算机系统内部的当前时间："时"（0～23）	数值型
$Minute	读取计算机系统内部的当前时间："分"（0～59）	数值型
$Month	读取计算机系统内部的当前时间："月"（1～12）	数值型
$PageNum	表示打印时的页号，当系统打印完一个用户窗口后，$PageNum 值自动加 1。用户可在用户窗口中用此数据对象来组态打印页的页码	数值型
$RunTime	读取应用系统启动后所运行的秒数	数值型
$Second	读取当前时间："秒数"（0～59）	数值型
$Time	读取当前时间："时刻"，字符串格式为 "时:分:秒"，时、分、秒均用两位数表示，如 "20:12:39"	字符型
$Timer	读取自午夜以来所经过的秒数	数值型

内部数据对象	意　义	类　型
$UserName	在程序运行时记录当前用户的名字。若没有用户登录或用户已退出登录，"$UserName"为空字符串	字符型
$Week	读取计算机系统内部的当前时间："星期"（1～7）	数值型
$Year	读取计算机系统内部的当前时间："年"（1111～9999）	数值型

　　内部数据对象不同于用户定义的数据对象，它作为系统内部变量，只有值属性，没有工程单位、最大值、最小值和报警属性，并且可在用户窗口、脚本程序中自由使用，但其值是由系统生成的，用户不能修改。内部数据对象的名字都以符号"$"开头，如 $Date，以区别于用户自定义的数据对象。

2.1.2　数据对象的建立

　　在开关型、数值型、字符型、事件型、组对象这五种数据对象中，前四种数据对象的建立方法基本相同，本节以数值型数据对象为例介绍其创建过程，组对象的建立方法将在 2.1.3 节中介绍。

　　打开组态环境工作台窗口，选择"实时数据库"标签，进入实时数据库窗口页，其中显示已定义的数据对象，如图 2-7 所示。

图 2-7　实时数据库窗口

　　对于新建工程，窗口中只显示系统内建的 4 个字符型数据对象：InputETime、InputSTime、InputUser1 和 InputUser2。当在对象列表的某一位置增加一个新的对象时，可在该处选定数据对象，单击"新增对象"按钮，则在选中的对象之后增加一个同类型的新的数据对象，新增对象的名称以选中的对象名称为基准，按字符递增的顺序由系统默认确定；如不指定位置，则在对象表的最前面增加一个新的数据对象。对于新建工程，首次定义的数据对象，默认名称为 Data1，是数值型对象，如图 2-8 所示。

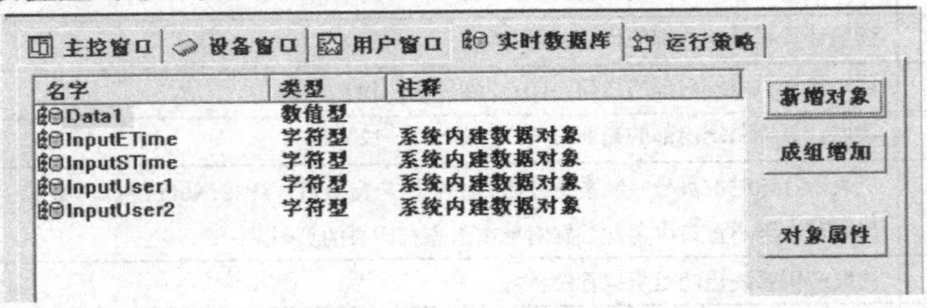

图 2-8　建立数据对象

　　在"实时数据库"窗格中，右键单击对象名字，就能够以大图标、小图标、列表、详细资料四种方式显示实时数据库中已定义的数据对象，还可以选择按名称的顺序或按类型顺序来显示数据对象，能够实现对选中数据进行删除操作，如图 2-9 所示。使用"编辑"菜单下

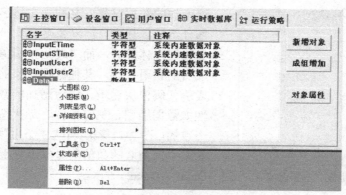

图 2-9　数据对象的显示方式

的"剪切"、"复制"、"粘贴"和"清除"等命令，能够完成指定数据对象的相关操作。

选定相关数据对象，单击右侧"对象属性"按钮，打开该数据的属性窗口（如图 2-10

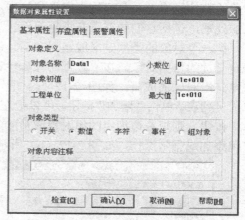

图 2-10　新建数据对象的属性窗口

所示），可以对其基本属性进行编辑，包括对象的名称、类型、初值、界限（最大、最小）值、工程单位和对象内容注释等项内容。

定义时，数据对象的名称输入代表对象名称的字符串，如输入/输出数据对象或中间变量，字符个数不得超过 32 个（汉字 16 个），对象名称只能以汉字、字母、数字和下画线（_）构成，且第一个字符不能为 0～9 的数字及下划线，字符串中间不能有空格，否则会影响对此数据对象存盘数据的读取。用户不指定对象的名称时，系统默认为"Data×"，其中"×"为顺序索引代码（第一个定义的数据对象为 Data1）。

数据对象的这些基本属性除了可以在初始定义时设定，还可以在系统运行时通过运用脚本语言对其进行修改或者读取操作，如表 2.2 所示，其中各函数可以实现"意义"一列中描述的功能。

表 2.2　数据对象的基本属性函数

属性名	类　型	操作方式	意　义	属性名	类　型	操作方式	意　义
Value	同数据对象类型	读/写	数据对象中的值	Unit	字符型	读/写	数据对象的工程单位
Name	字符型	只读	数据对象中的名字	Comment	字符型	读/写	数据对象的注释
Min	浮点型	读/写	数据对象的最小值	InitValue	字符型	读/写	数据对象的初值
Max	浮点型	读/写	数据对象的最大值	Type	浮点型	只读	数据对象的类型

比如，要将数据对象 Data 的数值赋为 1，只需用 Data.Value=1 即可；要读取 Data 的最小值，用 Data.Min 即可。当该语言所处的脚本程序被执行一次，则相应的操作完成一次。但注意数据对象的名称和类型属于只读方式，即已经定义便已确定，不能通过函数修改。

为了快速生成多个相同类型的数据对象，可以单击图 2-9 中的"成组增加"按钮，弹出"成组增加数据对象"对话框，如图 2-11 所示。通过这种方法一次可定义多个数据对象，成

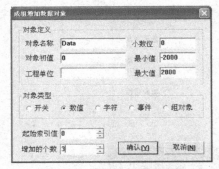

图 2-11 成组建立数据对象

组增加的数据对象，名称由主体名称和索引代码两部分组成。其中，"对象名称"一栏代表该组对象名称的主体部分，而"起始索引值"则代表第一个成员的索引代码，其他数据对象的主体名称相同，索引代码依次递增。成组增加的数据对象，其他特性如数据类型、工程单位、最大值、最小值等都是一致的。图 2-11 表明新建 3 个主体名称为 Data，起始索引值为 0 的数值型对象，分别被命名为 Data0、Data1、Data2。

2.1.3　组对象的建立

对于多个数据对象，如果它们存在一定的内在关联，可以将它们集合在一起，看作数据对象的整体，作为一个整体来定义和处理，只需指定组对象的名称，就包括了对其中所有对象的处理，包括它们的存盘及报警属性。

把一个对象的类型定义成组对象后，还必须定义组对象所包含的成员，这些成员应是已经定义过的数据对象，在"数据对象属性设置"对话框内专门有"组对象成员"窗口页，用来定义组对象的成员，如图 2-12（a）所示。图中左边为所有数据对象的列表，右边为组对象成员列表。单击"增加"按钮，可以把左边指定的数据对象增加到组对象成员中；单击"删除"按钮，则把右边指定的组对象成员删除，或者在左、右列表中双击对应数据对象，也可实现添加或删除操作，如图 2-12（b）所示。

（a）组对象成员定义前

（b）组对象成员定义后

图 2-12　定义组对象所包含的成员

2.1.4　内部数据对象的调用

内部数据对象一般只具有只读属性，即可以读取其相关数值或字符，其数据为系统的内部设定值。在组态时可以调用这些数据对象的值，一般是在用户窗口中显示系统的设定值，如日期、时刻等，或者在脚本程序中应用语言将系统变量为某个用户变量赋值。

在脚本程序中，必要时需要用到系统变量并对其进行合理组合搭配，这时可以通过赋值语句实现内部数据对象的调用。

【例 2-1】 利用内部数据变量，分别创建数值型数据对象 year1、month1、day1、hour1、minute1、second1，并进一步建立字符型数据对象 date1 和 time1，分别用来在窗口中显示当前日期和时间。语句如下：

```
year1=$year          //将系统内部变量的值赋给用户变量
month1=$month
day1=$day
hour1=$hour
minute1=$minute
second1=$second
date1=!str(year1)+"."+!str(month1)+"."+!str(day1)
          //对获得的数据进行下一步转换和处理，成为对系统有用的数据对象 date1 和 time1
time1=!str(hour1)+":"+!str(minute1)+":"+!str(second1)
```

这段程序可以获得系统时间（年月日和时分秒），字符型变量 data1 是当前日期，time1 是当前时间。在用户窗口中连接这些数据，就可以显示当前日期和时间。

2.1.5 供暖锅炉系统实时数据库的创建

某供暖锅炉系统工艺流程图如图 2-13 所示。

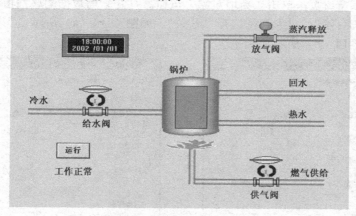

图 2-13 供暖锅炉系统

为保证该系统正常运行，锅炉中的温度、压力、液位应作为数据对象进行监测和控制，放气阀、给水阀和供气阀为执行器。依照工艺要求，放气阀为电磁阀（只具有开或关状态），给水阀和供气阀为调节阀（开度可在 0～100% 之间变化），各阀门的工作状态与系统的控制决策相关。

运行界面有启/停按钮控制系统的运行和停止，运行时控制要求如下：温度正常范围 60℃～80℃，低于 60℃ 或高于 80℃ 时报警；压力正常情况应低于 0.12MPa，否则报警；液位要求 0.8～1.0m，低于 0.8m 或高于 1.0m 时报警。同时，要求系统运行时，能够在运行画面中反映系统当前运行时间以及运行状态是正常还是报警。

从工艺流程图和控制要求分析，应有一个开关型数据对象对应于系统的运行/停止控制信号；放气阀在某时刻所处的状态是一种开关信号，因而属于开关型数据对象；给水阀和供气阀状态可连续变化，属于数值型数据对象；温度、压力和液位是具体的数值，也属于数值型对象；反映锅炉运行状态是否正常，需设定一个字符型数据对象描述；当温度、压力和液位中的任意一个越限时，都要求给出报警信息，因此可以考虑将这三种变量结合在一起建立一个组对象。

根据以上分析，首先定义如表 2.3 所示的变量，然后创建如下数据对象。

表2.3　供暖锅炉系统数据对象

变 量 名	类 型	初 值	注 释
系统启停	开关	0	反映系统运行/停止的变量，0：停止
放气阀	开关	0	开关量输出，反映放气阀状态，0：要求开
供气阀	数值	5	模拟量输出，反映供气阀状态，在 0～100% 之间变化
给水阀	数值	5	模拟量输出，反映给水阀状态，在 0～100% 之间变化
温度	数值	20	模拟量输入，反映锅炉温度，正常范围：60℃～80℃
压力	数值	0.1	模拟量输入，反映锅炉压力，正常范围：低于 0.12MPa
液位	数值	0.8	模拟量输入，反映锅炉液位，正常范围：0.8～1.0m
运行状态	字符	正常	字符显示：正常或报警
系统参数	组		包括温度、压力和液位三个对象

（1）开关型

在实时数据库窗口页，单击"新增对象"按钮，打开新增数据的属性窗口，将对象名称分别定义为"系统启停"，对象类型选择"开关"，如图 2-14（a）所示。用同样的方法建立"放气阀"，如图 2-14（b）所示。

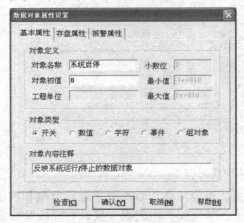
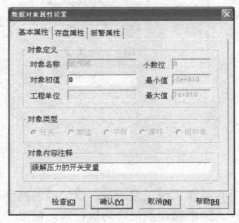

（a）"系统启停"的建立　　　　　　　　（b）"放气阀"的建立

图 2-14　开关型数据对象的建立

（2）数值型

在"实时数据库"窗格中，单击"成组增加"按钮，弹出"成组增加数据对象"对话框，依次定义两个数值型数据对象，将其对象名称分别定义为"供气阀"和"给水阀"，阀门开度的变化范围是 0～100%，如图 2-15 所示。

用同样的方法创建"温度"、"压力"和"液位"，如图 2-16 所示，温度值带有 1 位小数，变化范围在 0～100℃之间；压力值带有 2 位小数，变化范围设定在 0.1～0.2MPa 之间；液位值带 2 位小数，变化范围在 0～1.2m 之间。

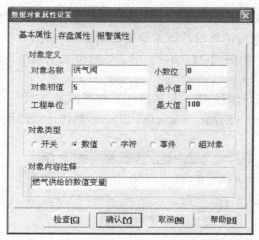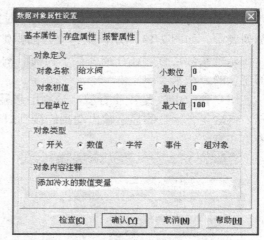

图 2-15　"供气阀"和"给水阀"的基本属性

图 2-16　"温度"、"压力"和"液位"的基本属性

（3）字符型

新建一个名为"运行状态"的数据对象，设定为字符型，如图 2-17 所示，没有报警属性。

（4）组对象

新建一个名为"系统参数"的数据对象，设定为组对象，如图 2-18 所示。

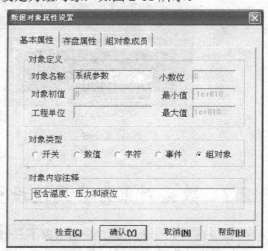

图 2-17　运行状态的基本属性　　　　　图 2-18　系统参数的基本属性

选择"组对象成员"窗格，从中定义组对象的成员，将温度、压力和液位添加到组对象成员列表中，如图 2-19 所示，则建立好的锅炉系统的实时数据库结果如图 2-20 所示。

在系统实际运行时往往需要显示当前时刻，如图 2-21（b）所示，这时可采用调用系统内部变量的方法来实现。

在用户窗口中放置 4 个标签，分别用来显示时间、年、月和日，其位置如图 2-21（a）所示，将这 4 个标签的显示输出动画连接到$Time、$Year、$Month、$Day。具体连接过程可参考第 3 章。

图 2-19　定义组对象所包含的成员

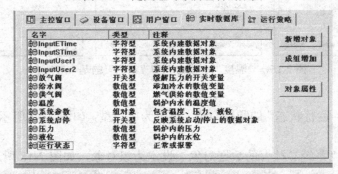

图 2-20　锅炉系统实时数据库组态结果

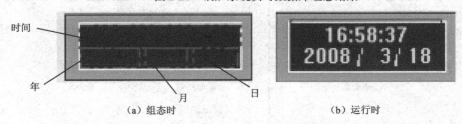

（a）组态时　　　　　　　　　　　　　（b）运行时

图 2-21　内部变量的调用

2.2　数据对象存盘属性设置

在 MCGS 中，一个完整的数据对象不只包含了数据名称和数据类型等基本属性，还包括它的存盘属性，在建立数据对象的同时还要考虑这些属性的设置。

2.2.1　数据对象存盘属性

MCGS 把数据的存盘处理作为一种属性或者一种操作方法，封装在数据内部，作为整体处理。在运行过程中，实时数据库可以自动完成数据存盘工作，用户不必考虑这些数据如何存储及存储在什么地方。用户创建的数据对象都具有存盘属性的设置，如前所述，除组对象外，其他 4 种数据对象的存盘属性设置内容相同。数据对象存盘属性的设置需要根据系统对数据的要求来设定。

开关型、数值型和字符型数据对象的存盘属性如图 2-22 所示。不重要的数据对象可不存盘。需要存盘的数据对象的保存方式有两种：定时存盘和按数值变化量存盘。如果选择了"退出时，自动保存数据对象的当前值为初始值"项，则 MCGS 运行环境退出时，把下次运行时数据对象的初始值设为本次退出时的当前值，以便下次进入运行时，恢复该数据对象在本次退出时的值。存盘时间可选择永久存储或某时间段。

如果在脚本程序中调用!SaveData(DataName)函数（本函数的操作使对应的数据对象的值存盘一次），数据对象 DataName 必须设置为定时存盘，且存盘周期需设为 0 秒，否则会操作失败。

组对象只能以定时的方式来保存其组对象成员的数值，如图 2-23 所示。存盘时间可选择永久存储或保存某段时间内的数据。对于组对象的存盘，MCGS 还增加了加速存盘和自动改变存盘时间间隔的功能，加速存盘一般用于当报警产生时，加快数据记录的频率，以便事后进行分析。改变存盘时间间隔是为了在有限的存盘空间内，尽可能多地保留当前最新的存盘数据，对于历史数据，通过改变存盘数据的时间间隔来减少历史数据的存储量。

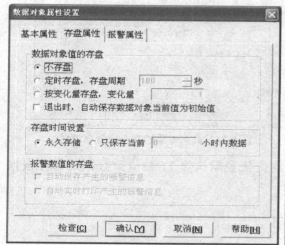

图 2-22　数据对象的存盘属性

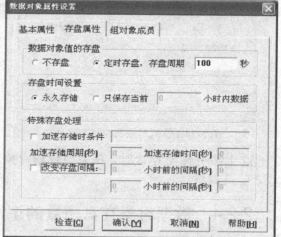

图 2-23　组对象的存盘属性

如果在存盘数据库中提取数据来源为 MCGS 组对象对应的存盘数据表时，组态的工程没有运行过，则对应的数据表不存在，无法进行组态。此时，应把组对象存盘属性的"存盘周期"改为 0，进入 MCGS 的运行环境运行一次后，则该组对象对应的存盘数据表已建立，即可进行组态设置。

存盘时间可根据硬盘存储空间及系统实际要求来设定。

2.2.2 数据对象定时存盘

定时存盘是数据对象常用的一种存盘方式，通常用于对一些开关量、数值量、组对象的定时记录，将这些数据存储在实时数据库中，以便支持实时数据/曲线和历史数据/曲线的定时刷新。图 2-24 是周期为 100s 的定时存盘属性的设置。

由于 MCGS 使用的默认数据库为 Access 数据库，对于大型系统而言，如果用户工程中需要存盘的数据量很大，存盘时间长，同时存盘周期又短，那么数据库在运行几个月后就会很大，数据库文件会增长到几百兆字节甚至几吉字节。数据库大到一定程度就会产生死机问题，从而影响系统的正常运转。因此，在实际组态时，定时存盘的数据对象的存盘周期一般不会太短，多数在 1 分钟以上。

2.2.3 数据对象按变化量存盘

按变化量存盘，通常用于对一些开关量的状态变化或者数值量变化幅度太大的情况，将这些数据存储在实时数据库中，以便实时监测系统的变化动态并加以分析，同时实现相应的一些报警要求等。图 2-25 是数值型对象按变化量为 10 进行存盘。

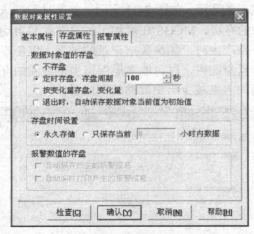
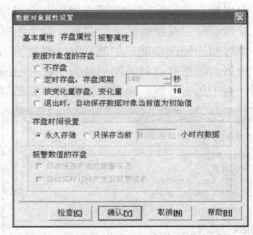

图 2-24　数据对象的定时存盘属性　　　　图 2-25　数据对象的按变换量存盘属性

选中按变化量存盘时，开关型数据对象的变化量默认为 1，数值型数据对象可根据实际要求调整。

2.2.4 数据对象存盘函数的调用

数据对象存盘函数的调用一般是在脚本程序中实现的，主要有三种存盘函数：SaveData、SaveDataInitValue 和 SaveDataOnTime，如图 2-26 所示。

SaveData 函数：可以把数据对象对应的当前值存入存盘数据库中，但对没有设置周期为 0 的定时存盘的数据对象，本操作无效。本函数的操作使对应的数据对象的值存盘一次，所在的脚本程序一般存在于用户策略中，以便在需要的时候进行调用。

SaveDataInitValue 函数：把设置有"退出时，自动保存数据对象当前值为初始值"属性的数据对象的当前值存入组态结果数据库中为初始值，防止突然断电而无法保存，以便 MCGS

下次启动时这些数据对象能自动恢复其值。

　　SaveDataOnTime 函数：按照指定时间保存数据对象。

　　另外，MCGS 提供了数据存盘备份机制功能，在"工具"的下拉菜单中选择"数据存盘备份机制"，即可将历史数据备份在硬盘的指定位置上，如图 2-27 所示，当用户工程的存盘数据量很大或需要存储很长时间内的数据时，可以避免 Access 数据库因数据库文件过大而导致性能的下降。

图 2-26　数据对象的存盘函数

图 2-27　存盘数据备份

2.2.5　供暖锅炉系统数据对象存盘属性设置

　　2.1.5 节中的锅炉控制系统要求设置放气阀按变化量存盘；液位、压力和温度，以周期 60 秒定时存盘，并且选中"退出时，自动保存数据对象当前值为初始值"；组对象的"系统参数"，要在脚本程序中根据一定条件来实现存盘操作。

　　按照要求，放气阀对应开关型数据对象，切换到"存盘属性"标签，选中"按变化量存盘，变化量"，如图 2-28 所示，由于是开关型数据对象，变化量默认为 1。

　　分别打开液位、压力和温度的属性设置的对话框，选择"定时存盘"，将存盘周期改为 60 秒，如图 2-29 所示，勾选"退出时，自动保存数据对象当前值为初始值"复选框。

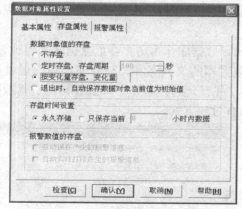

图 2-28　供气阀的存盘属性设置

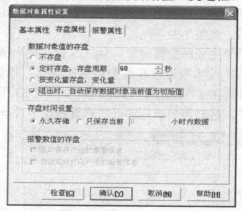

图 2-29　数值型数据对象的存盘属性设置

　　当然，也可以采用 SaveDataInitValue() 函数实现此功能，如"液位.SaveDataInitValue()"，当该脚本程序被执行一次便退出时，自动保存液位当前值为初始值。采用这种方式的效果与在存盘属性设置中的基本一致，但采用脚本语言来实现的优点是，该功能可以在一定的限定条件下完成，即当某种条件成立时才使得系统退出系统时，会自动保存数据对象当前值为初始值，而当该条件不成立时不保存；但在存盘属性中设置这种功能，则不受任何条件限定，只要系统退出，该数据即自动保存为初始值。

对于组对象"系统参数"，在脚本程序中根据一定条件来实现存盘操作，因此其存盘属性为"定时存盘"，但存盘周期必须设置为 0 秒，如图 2-30 所示。

这样在脚本程序中可以直接应用语句"Data.SaveData()"实现系统参数的存盘，即"系统参数.SaveData()"。该脚本程序执行一次，则系统参数存盘一次，即温度、压力、液位三个数据的当前值存入数据库。

另外，可以采用在指定时刻保存数据对象，如采用如下语句：

```
t = !TimeStr2I("2012 年 9 月 10 日 0 时 0 分 0 秒")    //使用时间函数转换出整型的时间量
系统参数.SaveDataOnTime(t,0)                         //指定时刻 t 保存数据对象
```

该脚本程序运行后，则可以实现在 2012 年 9 月 10 日 0 时 0 分 0 秒对系统参数进行存盘操作。

当系统运行一次以后，打开存储数据对象的 Access 数据库，可以得到所有的数据对象列表，如图 2-31 所示。

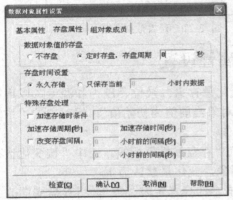

图 2-30　锅炉的存盘属性设置

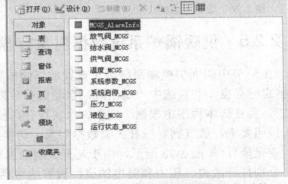

图 2-31　Access 数据库中的数据对象列表

打开图 2-31 中"系统参数_MCGS"的 Access 表，可以得到所有的成员列表及对应的历史数据，如图 2-32 所示。

对于生成的数据对象，MCGS 默认使用 Access 数据库作为历史存盘数据库来存放它们。用数据库技术来管理和维护存盘的数据，存盘数据库的文件名和路径在主控窗口属性中设定，默认存放在工程所在路径下，如图 2-33 所示。系统运行过程中，MCGS 自动进行数据存储操作，这对用户数据的开放式管理是一种非常有效的方式。

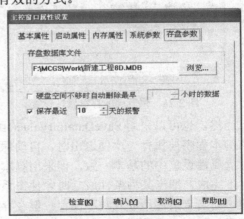

图 2-32　系统参数组对象中各成员不同时刻的数值　　　图 2-33　存盘数据库的文件名和路径设定

2.3　数据对象报警属性设置

在 MCGS 中，一个完整的数据对象，除了包含数据名称和数据类型等基本属性及存盘方式的设置外，在建立数据对象的同时还要考虑报警属性的设置。

2.3.1　数据对象报警属性

在 MCGS 中，报警作为数据对象的属性，被封装在数据对象内部，由实时数据库统一处理，用户只需按照报警属性窗口中所列的项目正确设置，如数值量的报警界限值、开关量的报警状态等。运行时，由实时数据库自动判断是否有报警信息产生、什么时候产生、什么时候结束、什么时候应答，并通知系统的其他部分。

开关型数据对象没有限值报警属性，只有状态报警属性。需要报警时，应先选中"允许进行报警处理"选项，才能对报警参数进行设置，如图 2-34 所示。设置报警的方式包括：开关量报警，即选择当对象的值为相应值（0 或 1）时将触发报警；开关量跳变、正跳变和负跳变报警，即选择当对象的值发生跳变（0 变为 1 或 1 变为 0）、正跳变（0 变为 1）或负跳变（1 变为 0）时触发报警。还可根据实际状况设定开关型数据对象报警的优先级、报警的延时次数。

数值型数据对象的报警属性为限值报警属性，如图 2-35 所示，可同时设置 6 种报警限值：下下限、下限、上限、上上限、上偏差、下偏差。当对象的值超过设定的限值时，产生报警；当对象的值回到所有的限值之内时，报警结束。

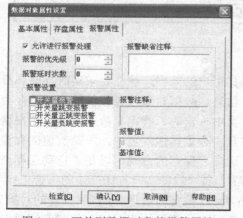
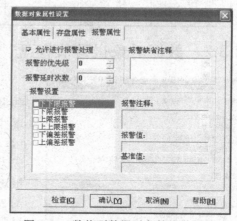

图 2-34　开关型数据对象的报警属性　　　　图 2-35　数值型数据对象的报警属性

字符型数据对象和组对象没有报警属性。

数据对象的这些基本报警属性除了可以在初始定义时设定，还可以在系统运行时通过运用脚本语言对其进行修改或者读取操作，如表 2.4 所示，其中各函数可以实现"意义"列中描述的功能。

比如，要将数值型数据对象 Data 的报警上限值赋为 10，可用语句"Data.AlmH =10"实现；要读取 Data 的报警优先级，用语句"Data.AlmPriority"可获得。该语言所处的脚本程序被执行一次，则相应的操作完成一次。但注意，数据对象的报警状态和类型属于只读方式，即已经发生便已确定，不能通过函数修改。

表 2.4　数据对象的报警属性函数

属 性 名	类 型	操作方式	意　义
AlmEnable	浮点型	读/写	数据对象的启动报警标志
AlmSave	浮点型	读/写	数据对象的报警存盘标志
AlmPrint	浮点型	读/写	数据对象的报警打印标志
AlmHH	浮点型	读/写	数值型报警的上上限值或开关型报警的状态值
AlmH	浮点型	读/写	数值型报警的上限值
AlmL	浮点型	读/写	数值型报警的下限值
AlmLL	浮点型	读/写	数值型报警的下下限值
AlmV	浮点型	读/写	数值型偏差报警的基准值
AlmVH	浮点型	读/写	数值型偏差报警的上偏差值
AlmVL	浮点型	读/写	数值型偏差报警的下偏差值
AlmFlagHH	浮点型	读/写	允许上上限报警，或允许开关量报警
AlmFlagH	浮点型	读/写	允许上限报警，或允许开关量跳变报警
AlmFlagL	浮点型	读/写	允许下限报警，或允许开关量正跳变报警
AlmFlagLL	浮点型	读/写	允许下下限报警，或允许开关量负跳变报警
AlmFlagVH	浮点型	读/写	允许上偏差报警
AlmFlagVL	浮点型	读/写	允许下偏差报警
AlmComment	字符型	读/写	报警信息注释
AlmDelay	浮点型	读/写	报警延时次数
AlmPriority	浮点型	读/写	报警优先级
AlmState	浮点型	只读	报警状态
AlmType	浮点型	只读	报警类型

2.3.2　数据对象报警值存盘

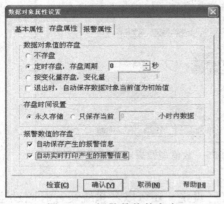

图 2-36　报警数值的存盘

　　根据用户的需要，往往要求实时存储和打印这些报警信息。数据对象报警数值的存盘是在"存盘属性"页中设定的。确定某数据对象设置报警属性后，在其"存盘属性"页中，报警数值的存盘属性成为可选项，保存的方式可以是"自动保存产生的报警信息"或"自动实时打印产生的报警信息"，如图 2-36 所示。报警的信息有：产生报警的对象名称、报警产生时间、报警结束时间、报警应答时间、报警类型、报警限值、报警时数据对象的值、用户定义的报警内容注释等。报警数据的存盘前提为该数据对象具有报警属性。

2.3.3　数据对象报警值修改

　　在系统实际工作中经常会根据实际情况对具有报警属性的数据对象的报警限值进行修改，修改的方法通常是采用 SetAlmValue 函数：
　　　　!SetAlmValue(DataName, Value, Flag)

DataName 为数据对象名。设置数据对象 DataName 对应的报警限值，只有在数据对象 DataName 的"允许进行报警处理"属性被选中后，本函数的操作才有意义。对组对象、字符型数据对象、事件型数据对象，本函数无效。Value 是新的报警值，数值型。对数值型数据对象，Flag 标志改变何种报警限值，数值型，标志要操作何种限值，具体意义如下：

- ⊙ =1，下下限报警值。
- ⊙ =2，下限报警值。
- ⊙ =3，上限报警值。
- ⊙ =4，上上限报警值。
- ⊙ =5，下偏差报警限值。
- ⊙ =6，上偏差报警限值。
- ⊙ =7，偏差报警基准值。

2.3.4　数据对象报警值应答

报警应答的作用是告诉系统，操作员已经知道对应数据对象的报警产生，并做了相应的处理，同时，MCGS 将自动记录下应答的时间（要选取数据对象的报警信息自动存盘属性才有效）。报警应答可在数据对象策略构件中实现，也可在脚本程序中使用系统内部函数 AnswerAlm 来实现，如果对应的数据对象没有报警产生或已经应答，则本函数无效。

在实际应用中，对重要的报警事件都要由操作员进行及时的应急处理，报警应答机制能记录下报警产生的时间和应答报警的时间，为事后进行事故分析提供实际数据。

2.3.5　供暖锅炉系统数据对象报警属性的设置

对于 2.1.5 节的锅炉控制系统，现要求放气阀打开时报警，当温度低于 60℃或高于 80℃时报警，压力高于 0.12MPa 报警，液位低于 0.8m 或高于 1.0m 进行报警；当报警产生时要能够实现对报警的应答，并且对于所有报警能自动保存报警的信息。

由于放气阀为开关信号，为 0 时阀门打开，因此首先允许其进行报警处理，报警设置为"开关量报警"，报警值为 0，如图 2-37 所示。

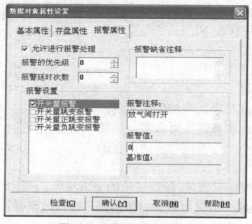

图 2-37　放气阀报警属性

同样，温度和液位设置上限、下限报警，压力仅设置上限报警，如图 2-38 所示。

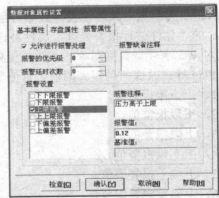

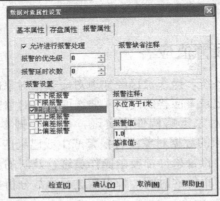

图 2-38   三个数值型数据对象的报警属性

要实现对所有报警自动保存报警的信息，只需将这 4 个数据对象的属性窗口切换至存盘属性页，选择"自动保存产生的报警信息"复选框，如图 2-39 所示。采用函数 AlmSave()，在脚本程序中也可实现此功能。

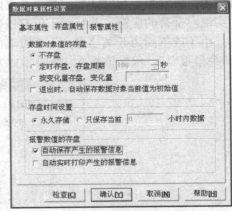

对于这 4 个数据对象，一旦产生报警，可在脚本中用 AnswerAlm 语句来应答数据对象所产生的报警。比如，液位产生报警时运行"液位.AnswerAlm()"后，就可以实现对液位报警的应答。同理，对压力、温度和放气阀的报警应答操作如下：

> 压力.AnswerAlm()
>
> 温度.AnswerAlm()
>
> 放气阀.AnswerAlm()

应答功能也可以在数据对象策略构件中实现，只需在"基本操作"页中选中该数据对象名称，然后在"扩充操作"页中选中"应答该对象所产生的报警"，如图 2-40 所示。

图 2-39   报警数值的存盘

如果在运行中要修改报警设置值，如将液位的上限报警、下限报警分别改为 0.3m 和 0.7m，同时增加上上限报警为 0.9m，可采用数据对象的报警值修改函数：

> !SetAlmValue(液位, 0.3, 2)   //修改液位下限
>
> !SetAlmValue(液位, 0.7, 3)   //修改液位上限
>
> 液位.AlmFlagHH=1   //允许上上限报警

!SetAlmValue(液位, 0.9, 4)   //设置液位上上限

此外，打开策略工具箱中的数据对象策略构件，将其基本操作中的数据对象的名称添加为"液位"，在报警限值操作窗口中进行如图 2-41 所示的修改，则在运行到该策略时同样可以修改液位的报警限值。

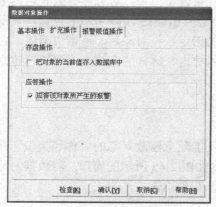

图 2-40　应答报警

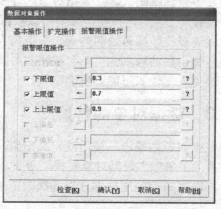

图 2-41　报警限值的修改

2.4　数据对象的浏览、查询和修改

在系统构建好以后，用户往往还需对具体的数据对象进行浏览和检查，或者根据实际需要对数据对象进行修改。MCGS 中的实时数据库也提供有这样的功能。

2.4.1　数据对象的浏览

执行"查看"菜单的"数据对象"命令，弹出如图 2-42 所示的"数据对象浏览"对话框，从中可以方便地浏览实时数据库中不同类型的数据对象。对话框包括两个标签页："系统内建"页和"用户定义"页。"系统内建"页显示系统内部数据对象及系统函数；"用户定义"页显示用户定义的数据对象。选定标签页上端的对象类型（可复选），可以只显示指定类型的数据对象。

执行"工具"菜单的"使用计数检查"命令，可以查阅对象被使用的情况，或更新使用计数，如图 2-43 所示。

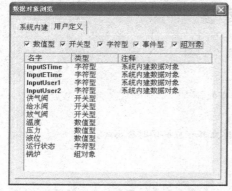

图 2-42　浏览数据对象

图 2-43　数据对象使用统计

2.4.2　数据对象的查询

在 MCGS 的组态过程中，为了能够准确地输入数据对象的名称，经常需要从已定义的数据对象列表中查询或确认。在数据对象的许多属性设置窗口中，对象名称或表达式输入框的右端，都带有一个"？"按钮，当单击该按钮时，会弹出如图 2-44 所示的窗口，该窗口中显示所有可供选择的数据对象的列表。双击列表中的指定数据对象后，该窗口消失，对应的数据对象的名称会自动输入到"？"按钮左边的输入框内。这样的查询方式可快速建立数据对象名称，避免人工输入可能产生的错误。

2.4.3　数据对象的替换

一个数据对象如果已被使用或定义出错，则不能随意修改对象的名称和类型，此时可以执行"工具"菜单中"数据对象替换"命令，得到如图 2-45 所示的窗口，对数据对象进行改名操作，同时把所有的连接部分也一次改正过来，避免出错。

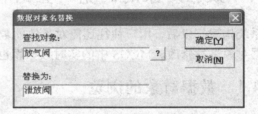

图 2-44　数据对象的查询　　　　　　　图 2-45　数据对象名替换

如果数据库的某段特定的数据需要做一些修改，当需要修改的数据量较大时，逐行修改数据库的数据记录是很费时费力的，可以采用"修改数据库"功能构件完成。

在实际使用中，经常需要实现数据库之间的数据表的复制、存盘数据提取以及生成各种各样的数据报表来对生产进行总结、调度和计划，MCGS 的运行策略组态环境还提供了相当丰富的存盘数据操作方法。

习　题　2

2-1　实时数据库的作用是什么？

2-2　数据对象的分类及其各自特点有哪些？

2-3　数据对象的存盘方式有几种？它们有什么不同之处？

2-4　数据对象报警值的修改方法有哪些？

2-5　某系统根据分析需要表 2.5 所列数据对象，试建立其相应的实时数据库。

2-6　某十字路口交通信号灯控制系统有如下要求：

（1）东西和南北四个路口各有红、绿、黄三种灯。

（2）交通灯系统启动时，首先东西红灯亮和南北绿灯亮，然后东西绿灯亮和南北红灯亮，周而复始。

表 2.5 某系统所需数据对象

变量名	类型	初值	注　　释
air	数值	300	系统排气量，范围：-2000～2000；超出 1000 报警
beng	数值	0	系统泵参数，范围：0～100
bengfa	开关	0	控制泵的开关变量，1：开；该值变化时进行存盘
chanliang	数值	0	系统产量，范围：0～2000；1 分钟存盘一次，退出时，自动保存当前值为初始值
date	字符	0	系统日期参数
day	数值	0	系统天数参数，范围：0～2000
deng	开关	0	控制灯闪烁变量
fa	数值	20	系统阀参数，范围：0～50
reactor	数值	0	系统反应器参数，范围：0～1000
huo	开关	0	系统控制火焰的填充属性的变量
mada	数值	0	系统马达参数，范围：0～2000
oil	数值	20	系统重油流量，范围：0～100；低于 20 或高于 80 报警，并自动保存报警产生的信息
plane	数值	0	系统飞机参数，范围：-2000～2000
run	开关	0	自/手动过程开关变量，1:自动；该值变化时进行存盘
ship	数值	0	控制船运动参数，范围：-2000～2000
speed	数值	200	系统转速，范围：0～1000；每变化 10 存盘一次，低于 200 或高于 800 报警
tank	数值	0	储藏罐参数，范围：-2000～2000
track	数值	0	控制卡车运动参数，范围：-2000～2000
yali	数值	500	系统内部压力，范围：0～2000；高于 1500 报警并打印报警信息
week	字符	0	装卸系统星期
canshu	组对象		其成员为所有参数，5 分钟存盘一次
bianliang	组对象		其成员为所有物理量：air，chanliang，oil，speed，yali

（3）东西红灯亮 45s，与此同时，南北绿灯亮 40 秒、再闪烁 3 秒后熄灭，接着南北黄灯亮 2 秒后熄灭；南北红灯亮 35 秒。与此同时，东西绿灯亮 30 秒、再闪烁 3 秒后熄灭，接着东西黄灯亮 2 秒后熄灭。

（4）如果东西和南北的绿灯同时亮，进行报警。

已知一个定时器正常工作需要三个数据对象，即：定时器启动/复位（开关型）、定时器计时时间（数值型）和定时器计时到（开关型）。试分析该系统并创建其实时数据库。

2-7　有一个三层电梯系统，电梯轿厢内部装有内呼系统，即：1、2、3 层内呼和开门、关门按键，当按键按下时对应按键上的指示灯会发光；每个楼层的电梯外部装有外呼系统，即：1 层上呼、2 层上/下呼、3 层下呼按键，当按键按下时对应按键上的指示灯会发光；电梯在运行时，轿厢内和每层外侧应显示电梯运行方向，即上行或下行。电梯初始停靠于一层。试分析该系统并创建其实时数据库。

2-8　某热交换系统用于控制物料的温度。系统内层装有物料，有一温度传感器测量其温度值，该物料的温度变化范围可在 20℃～100℃ 之间，但根据控制要求，其温度应稳定于 80℃，当上下偏差超过 5℃ 时进行报警，如果温度高于 92℃ 进行安全报警，保存所有报警信息，对温度值每 2 分钟存盘一次。系统外层是用于热交换的水系统，其入水有 2 条通路，一路热水，另一路冷水，分别由热/冷水调节阀控制其流量，两个流量要定时保存，周期为 1 分钟，调节阀的阀位变化为 0～100%。分析该系统并创建其实时数据库。

第3章 用户窗口组态

　　用户窗口是由用户来定义的、用来构成 MCGS 图形界面的窗口。用户窗口是组成 MCGS 图形界面的基本单位，所有的图形界面都是由一个或多个用户窗口组合而成的，它的显示和关闭由各种策略构件和菜单命令来控制。

　　用户窗口可以比喻为一个"容器"，可用来放置图元、图符和动画构件等图形对象，不同的图形对象对应不同的功能。通过对用户窗口内多个图形对象的组态，可以生成漂亮的图形界面，为实现动画显示效果做准备。用户窗口内的图形对象是以"所见即所得"的方式来构造的，也就是说，组态时用户窗口内的图形对象是什么样，运行时就是什么样，打印出来的结果也一样。因此，用户窗口除了构成图形界面以外，还可以作为报表中的一页来打印。把用户窗口视区的大小设置成对应纸张的大小，就可以打印出由各种复杂图形组成的报表。

3.1　用户窗口

3.1.1　用户窗口的分类、属性与方法

　　MCGS 以窗口为单位来组建应用系统的图形界面，在创建用户窗口后，通过放置各种类型的图形对象，定义相应的属性，为用户提供漂亮、生动、具有多种风格和类型的动画画面。

　　根据窗口位置、窗口外观的不同设置和打开窗口的不同方法，用户窗口较常用的类型有标准窗口、子窗口和模态窗口。用户窗口的类型可对"基本属性"页中的"窗口位置"、"扩充属性"页中的"窗口外观"和"窗口视区大小"等进行设置，如图 3-1 所示。

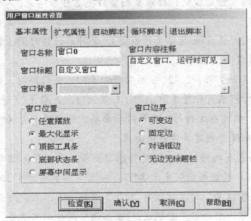
　（a）用户窗口基本属性的设置

　（b）用户窗口扩充属性的设置

图 3-1　用户窗口的属性设置

　　标准窗口是系统组态过程中最常用的窗口，通常是系统最主要的显示画面，主要显示系统整体的结构或流程，也可显示操作画面，在系统运行时作为最大化或自定义大小来显示。

子窗口在运行时，不是用普通的打开窗口的方法打开的，而是在某个已经打开的标准窗口中，使用窗口方法 OpenSubWnd 打开的，此时子窗口就显示在标准窗口内。

模态窗口通常用于对话框显示，用于强迫用户优先处理某些内容。

在进行实际系统组态时，为了更方便地改变、设计或利用用户窗口的属性和状态，可以在组态过程中，通过脚本程序编辑窗口来调用或修改用户窗口的属性和方法。

用户窗口的属性包括：Name（窗口的名称）、Left（窗口的 X 坐标）、Top（窗口的 Y 坐标）、Width（窗口的宽度）、Height（窗口的高度）、Visible（窗口的可见度）、Caption（窗口的标题）等。

用户窗口的方法包括：Open（打开窗口）、Close（关闭窗口）、Hide（隐藏窗口）、Print（打印窗口）、Refresh（刷新窗口）、BringToTop（窗口显示在最前面）、OpenSubWnd（显示子窗口）、CloseSubWnd（关闭子窗口）、CloseAllSubWnd（关闭所有子窗口）等。

3.1.2　用户窗口

1. 建立标准用户窗口

进入 MCGS 组态环境后，打开某个存储在计算机上的 MCGS 工程，或者通过菜单栏新建一个 MCGS 工程后，选择工作台的"用户窗口"页，即可创建或编辑用户窗口，如图 3-2 所示。

图 3-2　用户窗口页

单击"新建窗口"按钮，或执行"插入"→"用户窗口"命令，即可创建一个新的用户窗口，以图标形式显示，名称如"窗口 0"。开始时，新建的用户窗口只是一个空窗口，双击"窗口 0"图标，可以进入用户窗口的动画组态。窗口的动画组态包括创建各种图形对象，并与实时数据库中的数据对象建立动画连接最终实现动画效果，详细内容将在 3.2 节中介绍。

2. 标准用户窗口属性设置

在建立标准用户窗口后，单击"窗口属性"按钮，可进行窗口属性的设置。用户窗口的属性包括"基本属性"页、"扩充属性"页和"脚本控制"（含启动脚本、循环脚本、退出脚本）页。

窗口的基本属性如图 3-3（a）所示，其中的内容包括窗口名称、窗口标题、窗口背景、窗口位置、窗口边界、窗口内容注释等项内容。

窗口的扩充属性如图 3-3（b）所示，包括窗口的外观、位置坐标和视区大小等内容。窗口的视区是指实际可用的区域，与屏幕上的可见区域可以不同，选择视区大于可见区时，窗口侧边有滚动条，操作滚动条可以浏览窗口内所有的图形对象。

脚本控制包括启动脚本、循环脚本和退出脚本三个对话框，如图 3-3（c）所示。启动脚本在用户窗口打开时执行，循环脚本在窗口打开期间以指定的间隔循环执行，退出脚本则在用户窗口关闭时执行。在脚本控制的三个对话框中，可以单击"打开脚本程序编辑器"按钮，直接进入脚本程序编辑环境，在循环脚本设置窗口还可以定义循环脚本的循环执行时间。关于脚本程序编辑环境的介绍和编程方法参见第 4 章相关内容。

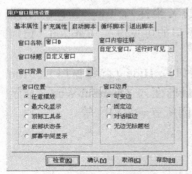
（a）标准窗口的基本属性页

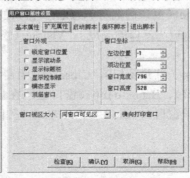
（b）标准窗口的扩充属性页

（c）标准窗口的脚本控制页

图 3-3　用户窗口的基本属性窗口

3.1.3　子窗口

子窗口是用户窗口的一种，在组态环境中，子窗口和标准窗口一样进行组态。子窗口与普通的标准窗口的区别是，在运行时，子窗口主要显示在标准窗口内，其主要作用包括：作为模态显示（在该子窗口关闭之前，本窗口内除子窗口外的所有操作均不可进行），作为菜单显示（在子窗口外任意单击，则此子窗口自动消失），以及跟随鼠标位置来显示窗口等。

子窗口的打开方式与普通的标准窗口的打开方式不同。在某个已经打开的标准窗口中，可利用脚本程序编辑使用 OpenSubWnd 方法打开，此时子窗口就显示在标准窗口内。通过设置 OpenSubWnd 的参数，可以使子窗口有边框、带滚动条。

子窗口总是在当前窗口的前面，所以子窗口最适合显示某一项目的详细信息。

3.1.4　模态窗口

模态窗口是用户窗口的一种，通常用于对话框显示，强迫用户优先处理某些内容。如果在用户窗口的属性中选择了以模态窗口的形式显示，则在 MCGS 运行环境下，模态窗口显示时，其他窗口及菜单将不能操作，直到模态窗口关闭后，其他窗口和菜单操作才能恢复正常。

3.1.5　用户窗口设计举例

【例 3-1】

（1）组态要求

某工程要求在 3#雷达发生故障时报警，报警时显示一个报警窗口，其中显示"3#机位报警"。要求，该报警窗口设置为模态窗口，关闭该报警窗口后才能执行其他窗口的操作。

（2）组态方法

新建一个报警窗口，其窗口属性设置如图 3-4 所示。

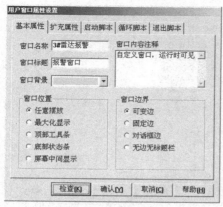

（a）模态窗口基本属性的设置

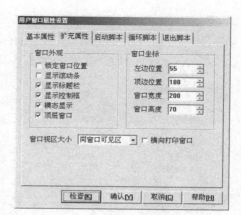

（b）模态窗口扩充属性的设置

图 3-4　模态窗口基本属性和扩充属性的设置

该窗口的名称为"3#雷达报警"，设置为"模态显示"。在窗口中加入一个标签，并输入文本"3#机位报警"。

（3）运行结果

在 MCGS 运行状态下，发生报警时，该窗口的显示效果如图 3-5 所示。

图 3-5　报警窗口

【例 3-2】

（1）组态要求

在某工程中要求建立两个用户窗口，分别命名为"主窗口"和"状态显示"。在"状态显示"窗口中加入一个标签，并输入"系统状态"4 个字。在"主窗口"中，以子窗口的形式，在指定位置，以指定方式打开"状态显示"窗口，并设置"状态显示"窗口的显示位置为"底部状态条"。锁定"状态显示"窗口的显示位置，同时将"主窗口"的名称、宽度、高度信息写入指定的数据对象 a、b、c。

（2）组态方法

"主窗口"和"状态显示"窗口的属性设置如图 3-6 所示。

在"主窗口"窗口的"启动脚本"页中，输入如下脚本程序：

```
OpenSubWnd(状态显示,50,50,100,100,16)    '打开子窗口
a=用户窗口.主窗口.Name                    '把主窗口的名称值写入了字符型数据对象 a
b=用户窗口.主窗口.Width                   '把主窗口的宽度值写入了数值型数据对象 b
c=用户窗口.主窗口.Height                  '把主窗口的高度值写入了数值型数据对象 c
```

该例中使用了窗口的方法 OpenSubWnd()：

OpenSubWnd(参数 1, 参数 2, 参数 3, 参数 4, 参数 5, 参数 6)

⊙ 参数 1——用户窗口名。

⊙ 参数 2——子窗口相对于本窗口的 X 坐标。

⊙ 参数 3——子窗口相对于本窗口的 Y 坐标。

⊙ 参数 4——子窗口的宽度。

⊙ 参数 5——子窗口的高度。

⊙ 参数 6——子窗口的类型，对应一个 7 位的二进制数（用十进制数来表示）。这个二进制数的各位功能如图 3-7 所示。

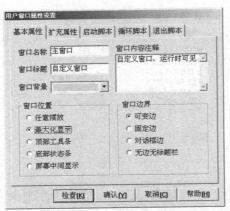

（a）"主窗口"基本属性设置

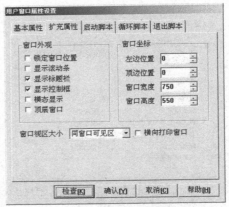

（b）"主窗口"扩充属性设置

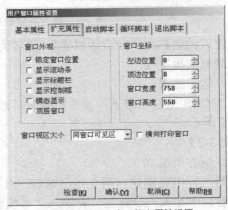

（c）"状态显示"窗口基本属性设置

（d）"状态显示"窗口扩充属性设置

图 3-6 "主窗口"和"状态显示"窗口的属性设置

在本例中，参数 6 为 16，对应的二进制数值为 0010000，表示显示子窗口的边框。

（3）运行结果

当 MCGS 在运行状态下，打开"主窗口"的同时单击鼠标左键，在鼠标所在位置相对"主窗口"的 X、Y 坐标为(50, 50)的位置打开"状态显示"子窗口，且"状态显示"子窗口的大小为 100×100，并显示子窗口的边框，如图 3-8 所示。

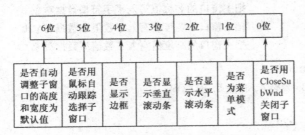

图 3-7 OpenSubWnd 函数参数 6 的各位功能

图 3-8 使用 OpenSubWnd 函数的运行结果

3.2 创建图形对象

双击"用户窗口"页中的某个用户窗口，即可进入用户窗口的编辑环境，创建或编辑相应的图形对象，并进行相应的动画连接和数据连接。

3.2.1　图形构件的建立

在用户窗口中，创建图形对象之前，需要从工具箱中选取需要的图形构件，以便进行图形对象的创建工作。MCGS 提供了两个绘图工具箱：一是放置图元和动画构件的绘图工具箱，二是常用图符工具箱，如图 3-9 所示。

（a）绘图工具箱　　　　　　　　　（b）常用图符工具箱

图 3-9　MCGS 的两个绘图工具箱

打开这两个工具箱的方法是：先打开需要编辑的用户窗口，再单击工具条中的 ✕ 图标，即可打开绘图工具箱，在绘图工具箱中单击 ⬆ 按钮，即可打开常用图符工具箱。从这两个工具箱中可以选取所需的构件或图符，利用鼠标在用户窗口中拖曳出一定大小的图形，就创建了一个图形对象。

还可利用系统工具箱中提供的各种图元和图符来建立图形对象，通过组合排列的方式画出新的图形，方法是：全部选中待合成的图元后，执行"排列"菜单中的"构成图符"命令，即可构成新的图符；如果要修改新建的图符或者取消新图符的组合，执行"排列"菜单中的"分解图符"命令，可以把新建的图符分解成组成它的图元和图符。

MCGS 中有一个图形库，称为"对象元件库"。对象元件库中已经把常用的、制作好的图形对象存入其中，需要时，再从元件库中取出直接使用。对象元件库中提供了多种类型的实物图形，包括的图形类型有"阀"、"刻度"、"泵"、"反应器"、"储藏罐"、"仪表"、"电气符号"、"模块"、"游标"等 20 余类，图形对象几百种，用户可以按照需要任意选择。

从对象元件库中读取图形对象的操作方法是：单击工具箱中的 ▦ 图标，弹出"对象元件库管理"窗口（如图 3-10 所示），选中对象类型后，从相应的元件列表中选择所需的图形对象，单击"确认"按钮，即可将该图形对象放置在用户窗口中。

也可在用户窗口中，利用绘图工具箱和图符工具箱自行设计所需的图形对象，再插入到对象元件库中。方法是：先选中所要插入的图形对象，再单击绘图工具箱的 ▦ 图标，把新建

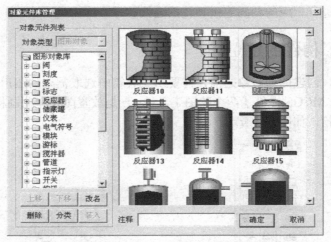

图 3-10　从元件库中读取图形对象

的图像对象加入到元件库的指定位置，还可以在"对象元件库"管理窗口中对新放置的图形对象进行修改名字、位置移动等操作。MCGS 的绘图工具箱提供了许多个不同的图形构件，下面通过一些图形构件建立的实例来介绍 MCGS 中的主要图形对象的属性和使用方法。

3.2.2　标签构件的属性及其动画连接形式

标签构件主要用于在用户窗口中显示一些说明文字，也可显示数据或字符。标签构件的属性包括静态属性和动画连接动态属性。静态属性是设置标签的填充颜色、字体颜色、边线的类型和颜色等。动画连接动态属性主要设置标签构件在系统运行时的动画效果，其动画连接主要包括 3 种：颜色动画连接、位置动画连接和输入/输出动画连接。

所谓动画连接，实际上是将用户窗口内创建的图形对象与实时数据库中定义的数据对象建立起对应的关系，在不同的数值区间内设置不同的图形状态属性（如颜色、大小、位置移动、可见度、闪烁效果等），将物理对象的特征参数以动画图形方式来进行描述。这样，在系统运行过程中，用数据对象的值来驱动图形对象的状态改变，进而产生形象逼真的动画效果。

在通常情况下，组态画面的动画效果依赖于用户窗口中的图形动画构件和实时数据库中的数据对象之间建立的某种关系。一个图元、图符对象可以同时定义多种动画连接，由图元、图符组合而成图形对象，最终的动画效果是多种动画连接方式的组合效果。根据实际需要，灵活地对图形对象定义动画连接，就可以呈现出各种逼真的动画效果。

下面以一个实例说明标签构件的使用方法。

【例 3-3】

（1）组态要求

在某工程的用户窗口中添加一个标签，该标签的显示说明文字为 1#设备的状态，在系统正常运行时，该标签的颜色为绿色，显示"1#设备正常"，字体的颜色为蓝色；当 1#设备发生故障时，该使标签的颜色为红色，显示"1#设备报警"，字体的颜色为黑色，且不停闪烁。

（2）组态方法

在 MCGS 组态环境下，打开编辑的用户窗口后，单击绘图工具箱中的 **A** 图标，拖动鼠标的左键在用户窗口中绘制出一个合适的标签构件，标签中字体的显示格式可以利用 MCGS

工具条中的格式编辑按钮来更改，如字符字体、字号、对齐方式、字符颜色、标签边框等。

　　双击该构件，进入标签属性设置窗口。在"属性设置"页中，选中"颜色动画连接"选项中的"填充颜色"和"字符颜色"，同时选中"输入输出连接"选项中的"显示输出"，再选中"特殊动画连接"选项中的"闪烁效果"，随即出现"填充颜色"、"字符颜色"、"显示输出"的效果，如图 3-11（a）所示。

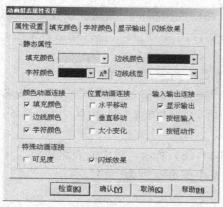

（a）标签基本属性设置

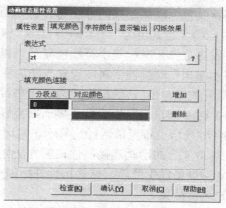

（b）标签填充颜色设置

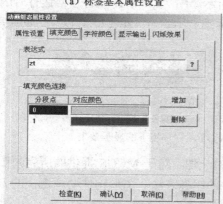

（c）标签字符颜色设置

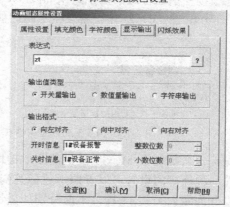

（d）标签显示输出设置

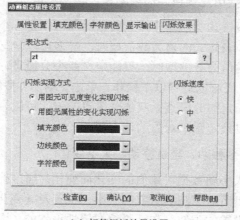

（e）标签闪烁效果设置

图 3-11　标签构件动画连接的属性设置

"填充颜色"属性设置页如图 3-11（b）所示，在"表达式"栏中指明"填充颜色"的动画连接所对应的表达式是"zt"，也可以单击表达式一栏右端带"?"的按钮，从弹出的数据对象列表框中选择。填充颜色连接的方法是：单击"增加"按钮，添加指定数据对象值的分段点。本例增加两个分段点 0 和 1，分别选中对应的颜色为红色和绿色，即当 zt=0（1#设备运行正常）时标签显示为绿色，当 zt=1（1#设备发生故障）时标签显示为红色。

"字符颜色"动画连接的方法与"填充颜色"动画连接相似，其属性设置如图 3-11（c）所示，对应的表达式也为"zt"，即当 zt=0（1#设备运行正常）时标签字符颜色为蓝色，当 zt=1（1#设备发生故障）时标签字符颜色显示为黑色。

"显示输出"动画连接属性设置方法如图 3-11（d）所示，对应的表达式为"zt"，输出值类型为"开关量输出"、输出格式为"向左对齐"，在"开时信息"栏中输入"1#设备报警"，即当 zt=1 时（1#设备发生故障）显示报警信息，在"关时信息"栏中输入"1#设备正常"，即当 zt=0 时（1#设备正常运行）显示正常运行。

"闪烁效果"的动画连接属性设置方法如图 3-11（e）所示，对应的表达式为"zt"，即当 zt=1 时（1#设备发生故障）标签构件开始闪烁，选中闪烁速度为"快"。

（3）运行结果

该标签构件在运行时的显示效果如图 3-12 所示。图（a）为 1#设备正常运行时的标签显示状态（zt=0），图（b）为 1#设备发生故障时的标签显示状态（zt=1），且以一定的频率闪烁。

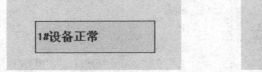

（a）1#设备正常运行时的标签显示效果 　　　　（b）1#设备发生故障时的标签显示效果

图 3-12　例 3-3 的标签构件在 MCGS 运行环境下的显示效果

标签构件只是属于 MCGS 提供的图形构件的一种，对于 MCGS 提供的所有的图形构件来说，其动画连接的设置可以参照上述标签构件的组态方法。图形构件动画连接的方式总的来说可以分为四大类共 11 种，下面分别加以说明。

1．颜色动画连接：包括填充颜色、边线颜色、字符颜色

三种动画连接的属性设置均类似，连接的数据对象可以是一个表达式，用表达式的值来决定图形对象的填充颜色。表达式的值为数值型时，最多可以定义 32 个分段点，每个分段点对应一种颜色；表达式的值为开关型时，只能定义两个分段点，即 0 或 1 两种填充颜色。

在"属性设置"页中，还可以进行以下操作：单击"增加"按钮，增加一个新的分段点；单击"删除"按钮，删除指定的分段点；双击分段点的值，可以设置分段点数值；双击颜色栏，弹出色标列表框，可以设定图形对象的填充颜色。

2．位置动画连接：水平移动、垂直移动、大小变化

使图形对象的位置和大小随数据对象值的变化而变化。通过控制数据对象值的大小和值的变化速度，能精确地控制所对应图形对象的大小、位置及其变化速度，如图 3-13 所示。

三种动画连接的属性设置均类似，在动画组态属性设置的"大小变化"页中可以设置变化方向和变化方式。

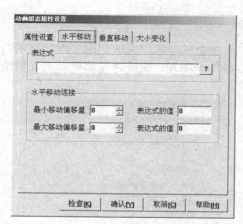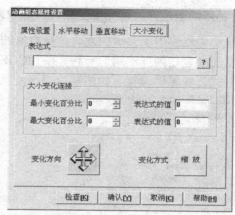

图 3-13　水平移动和大小变化动画连接的属性设置窗口

3. 输入输出连接：显示输出、按钮输入、按钮动作

"显示输出"页如图 3-14（a）所示，它只适用于"标签"图元，显示表达式的结果。输出值的类型设定为数值型时，应指定小数位的位数和整数位的位数。对字符型输出值，直接把字符串显示出来，对开关型输出值，应分别指定开和关时所显示的内容。此外，还可设置图元输出的对齐方式。

"按钮输入"页如图 3-14（b）所示，使图形对象具有输入功能，在系统运行时，当鼠标移动到该对象上面时，光标的形状由"箭头"形变成"手掌"状，此时单击鼠标左键，则弹出输入对话框，对话框的形式由数据对象的类型决定。数值型变量对应的对话框如图 3-15（a）所示，开关型变量对应的对话框如图 3-15（b）所示。

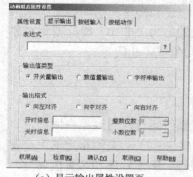

（a）显示输出属性设置页　　　　（b）按钮输入属性设置页　　　　（c）按钮动作属性设置页

图 3-14　输入输出连接的属性设置窗口

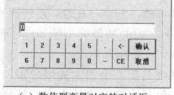

（a）数值型变量对应的对话框　　　　　　（b）开关型变量对应的对话框

图 3-15　运行时的按钮输入

按钮动作的方式不同于按钮输入，其属性设置页如图 3-14（c）所示，设置方法可以参考标准按钮构件操作属性的设置方法，见本章 3.2.3 节。

4. 特殊动画连接：可见度变化、闪烁效果

特殊动画连接用于实现图元、图符对象的可见与不可见交替变换和图形闪烁效果，图形的可见度变换也是闪烁动画的一种。在 MCGS 中，每个图元、图符对象都可以定义特殊动画连接的方式。其属性设置页如图 3-16 所示。

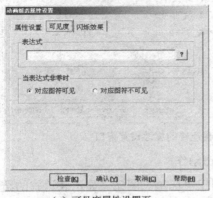

（a）可见度属性设置页

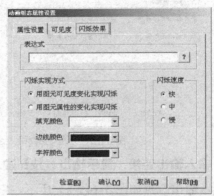

（b）闪烁效果属性设置页

图 3-16　特殊动画连接属性设置窗口

可见度的属性设置方法是：在"表达式"栏中，将图元、图符对象的可见度和数据对象构成的表达式建立连接，而在"当表达式非零时"的选项栏中，根据表达式的结果来选择图形对象的可见度方式。

实现闪烁的动画效果有两种方法，一种是不断改变图元、图符对象的可见度来实现闪烁效果，另一种是不断改变图元、图符对象的填充颜色、边线颜色或者字符颜色来实现闪烁效果。图形对象的闪烁速度是可以调节的，MCGS 给出了快速、中速和慢速三档闪烁速度来供调节。在系统运行状态下，当所连接的数据对象构成的表达式的值为"非 0"时，图形对象就以设定的速度开始闪烁，而当表达式的值为"0"时，图形对象就停止闪烁。

3.2.3　标准按钮的属性及应用

标准按钮是组态中经常使用的一种图形构件，其作用是在系统运行时通过单击用户窗口中的按钮执行一次操作。对应的按钮动作有：执行一个运行策略块、打开/关闭指定的用户窗口及执行特定脚本程序等。其属性设置包括基本属性、操作属性、脚本程序和可见度属性。

标准按钮可以通过其操作属性的设置同时指定几种功能，运行时，构件将逐一执行。它能执行完成的操作功能如下。

- ⊙ 执行运行策略块：只能指定用户所建立的用户策略，包括 MCGS 系统固有的三个策略块（启动策略块，循环策略块，退出策略块）在内的其他类型的策略不能被标准按钮构件调用。
- ⊙ 打开用户窗口和关闭用户窗口：可以设置打开或关闭一个指定的用户窗口。
- ⊙ 隐藏用户窗口：隐藏所选择的用户窗口界面，但是该窗口中的内容仍然执行。
- ⊙ 数据对象的操作：一般用于对开关型对象的值进行取反、清 0、置 1 等操作。"按 1 松 0"操作表示鼠标在构件上按下不放时，对应数据对象的值为 1，而松开时，对应数据对象的值为 0；"按 0 松 1"的操作则相反。

⊙ 退出系统：用于退出运行系统。

⊙ 快捷键：指定标准按钮构件所对应的键盘操作。

下面以一个实例说明标准按钮的使用方法。

【例3-4】

（1）组态要求

在某工程的用户窗口中添加一个按钮，用以控制系统的启动和停止。当按下按钮后，系统开始运行；系统运行中，按下该按钮则系统停止运行。

（2）组态方法

在MCGS组态环境下，单击绘图工具箱中的 ▭ 图标后形成十字形光标，按住鼠标左键，在窗口中根据需要拖出一个大小适当的标准按钮；双击该按钮，即弹出其属性设置的对话框，在"基本属性页"中输入该按钮的标题"启动/停止"，其他为默认设置，如图3-17（a）所示。

"操作属性"页如图3-17（b）所示，选择按钮对应的功能为"数据对象值操作"，选择"取反"操作，对应的数据对象设为开关型数据对象"zt"，即每次单击该按钮后，数据对象"zt"执行取反的操作。当对应的数据对象 zt=0 时，系统运行，zt=1 时，系统停止。

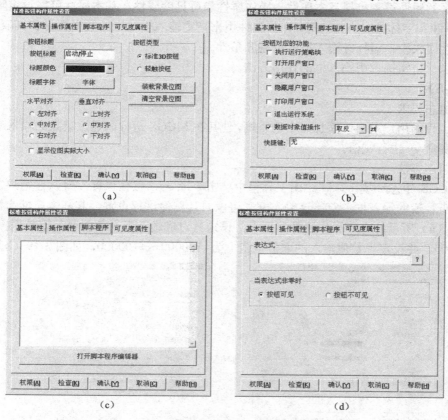

图3-17 标准按钮构件属性设置

此外，在执行按钮操作时还可以完成一段脚本程序的调用，在脚本程序的属性设置页中可以根据控制系统控制策略的要求从中直接输入脚本程序，也可以单击"打开脚本程序编辑器"按钮，打开脚本程序编辑器后，在编辑器中输入程序，如图3-17（c）所示。

"可见度属性"页如图3-17（d）所示，可以设定按钮显示的可见度条件。

图 3-18 例 3-4 标准按钮显示效果

（3）运行结果

在 MCGS 运行环境下，将显示该按钮如图 3-18 所示。单击该按钮，将执行相应的操作（即数据对象 zt 取反操作）。

3.2.4 输入框的属性及在数据显示、设定中的应用

输入框的作用是在 MCGS 运行环境下为用户从键盘输入信息，通过合法性检查之后，将它转换适当的形式，赋给实时数据库中所连接的数据对象。输入框同时可以作为数据输出的器件，显示所连接的数据对象的值。

输入框具有激活编辑状态和不激活状态两种工作模式。在 MCGS 的运行环境中，当输入框处于不激活状态时，其作为数据输出用的窗口，将显示所连接的数据对象的值，并与数据对象的变化保持同步；如果在 MCGS 运行环境中单击输入框，可使输入框进入激活状态，此时可以根据需要输入对应变量的数值。

输入框的属性设置包括基本属性、操作属性和可见度属性。基本属性可以设定输入框的外观、边框和和字体的对齐方式等，操作属性用来指定输入框对应的数据变量和其取值范围，可见度属性用来设定运行时输入框的可见度条件。

下面以一个实例说明输入框的使用方法。

【例 3-5】

（1）组态要求

在某工程的用户窗口中添加一个输入框，使其在 MCGS 运行时通过键盘的输入对指定数值型数据变量 yy 进行赋值。

（2）组态方法

在 MCGS 组态环境下，在绘图工具箱中单击 abl 图标，按住鼠标左键，在用户窗口中拖出一个大小合适的输入框；双击该输入框，可以对其属性进行设置，其基本属性为默认值，如图 3-19（a）所示；在"操作属性"页中，设定其对应的数据对象为数值型数据 yy（初始值设为 100），并设定"数值输入的取值范围"为－100000～+100000，如图 3-19（b）所示。

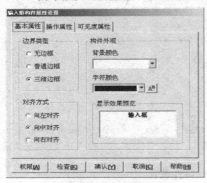

（a）输入框基本属性设置页

（b）输入框操作属性设置页

图 3-19 输入框构件的属性设置窗口

输入框具有可见与不可见两种状态。当指定的可见度表达式被满足时，呈现可见状态，此时单击输入框，可激活它。当不满足指定的可见度表达式时，输入框处于不可见状态，不

能向输入框中输入信息，此例不设置可见度属性，表示该输入框始终处于可见状态。

（3）运行结果

在 MCGS 运行环境下，如不激活输入框或不更改输入框中的数值，将一直显示变量 yy 的初始值 100，也可以在 MCGS 运行环境下激活输入框直接通过键盘输入 yy 的值（50），如图 3-20 所示。

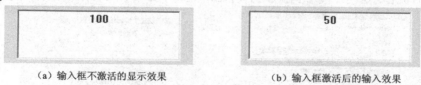

(a) 输入框不激活的显示效果　　　　　(b) 输入框激活后的输入效果

图 3-20　例 3-5 标准按钮运行结果

3.2.5　流动块构件属性及在流体动画中的应用

流动块构件是用于模拟管道内气体或液体流动的动画构件，分为两部分：管道和位于管道内部的流动块。流动块构件的管道可以显示为三维或平面的效果，当使用三维效果时，管道使用两种颜色（填充颜色和边线颜色）进行填充。在 MCGS 组态环境下，管道内部的流动块是静止不动的，但在 MCGS 运行环境下，流动块可以按照用户的组态设置从构件的一端向另一端流动。流动块的属性设置分为基本属性、流动属性和可见度属性。下面通过实例对其组态过程一一加以介绍。

【例 3-6】

（1）组态要求

在某工程的用户窗口内绘制一条流动管道，用来显示某种液体的流动效果；在该管道上添加一个阀门，用来控制该液体的流动。

（2）组态方法

在 MCGS 组态环境下，单击工具箱中的 ![] 按钮，在用户窗口中绘制流动块。在用户窗口中可以绘制任意形状的模拟管道，需要通过单击鼠标左键来实现管路的折角变换，按 Esc 键，完成管路的绘制。该液体管路上包括两段流动块，两段流动块之间还需要添加一个阀门。阀门可以由绘图工具箱中直接从图形元件库中进行添加。添加后的效果如图 3-21 所示。

图 3-21　流动块构件添加效果

在添加完两个流动块后，双击其中一个流动块，即可进行其属性的设置，两段流动块的属性设置完全相同。

其基本属性的设置包括：管道外观、管道宽度、填充颜色、边线颜色和流动块颜色、长度、宽度、间隔、流动方向、流动速度等。在该工程中，为了整体的构图，需要选择流动块颜色为红色，管道的填充颜色和边线颜色选择为浅灰色和灰色。在该窗口中，因为绘制的液体管路的排放方向是向右的，所以流动块的流动方向选择"从左向右"，管道的宽度可以直接在属性设置的对话框中进行更改，也可以在用户窗口中用鼠标拖动构件进行更改。基本属性的其他参数为默认设置，如图 3-22 （a）所示。

流动块的流动属性设置中要输入对应的表达式，决定流动开始和停止的条件。该流动块对应的表达式选择开关型数据对象"阀门1"，如图3-22（b）所示，即当"阀门1＝1"时流动块流动，当"阀门1＝0"时流动块停止流动。如果表达式栏为空，则流动块始终处于流动状态。选项"当停止流动时，绘制流体"不选，这样在阀门关闭时管道内的流体不显示，只有阀门打开时流体才显示。该流动块随时可见，因此不必设置可见度的条件。

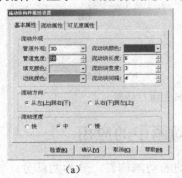
（a）

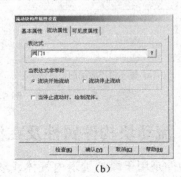
（b）

图 3-22　例 3-6 流动块构件的属性设置窗口

同时设置阀门的动画效果，方法是：双击阀门元件进入其属性设置窗口，分别设置阀门的三个组合图符对应的表达式，如图 3-23（a）所示；选中要进行动画设置的图元后，单击"连接表达式"后面的▷按钮，即可进入组合图符的动画连接属性设置窗口。绿色图符和红色图符的动画连接方式是可见度，两者的可见度条件表达式均为"阀门1"，但绿色图符是当表达式条件满足时对应的图符可见，红色图符是当表达式条件满足时对应的图符不可见，如图 3-23（b）、（c）所示。按钮输入对应的数据对象表达式也为"阀门1"，其"动画连接"设置如图 3-23（d）所示，对应的按钮动作为"对指定的数据对象取反"，即当单击该按钮时，阀门对应的数据对象"阀门1"执行取反操作。

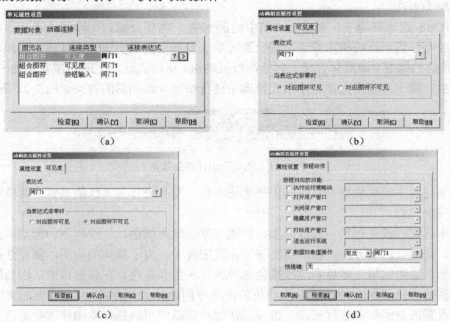

图 3-23　例 3-6 的阀门的动画效果

（3）运行结果

该流动块在 MCGS 运行环境下的显示效果如图 3-24 所示。

（a）阀门关闭时流动块呈静止状态

（b）阀门打开时流动块呈流动状态

图 3-24　例 3-6 流动块运行时的动画效果

3.2.6　自由表格和历史表格的使用方法

自由表格的功能是在 MCGS 运行时用来显示所连接的数据对象的值。自由表格中的每个单元称为表格的表元，可以建立每个表元与数据对象的连接。对没有建立连接的表格表元，构件不改变表格表元内的原有内容。

利用 MCGS 的绘图工具条上快捷键，可以方便地对表格进行各种编辑工作，包括：增加或删除表格的行和列，改变表格表元的高度和宽度，输入表格表元的内容等。工具条上快捷键的功能如图 3-25 所示。

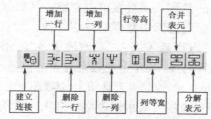

图 3-25　MCGS 绘图工具条表格编辑的功能

在编辑模式下，可以直接在表格表元中填写字符，如果没有建立此表格表元与数据对象的连接，则运行时，这些字符将直接显示出来。如果建立了此表格表元与数据库的连接，则在 MCGS 运行环境下，自由表格将显示这些数据对象的实时数据。

历史表格可以实现强大的报表和统计功能，如显示和打印静态数据，运行环境中编辑数据、显示和打印动态数据、显示和打印历史记录、显示和打印统计结果等。用户可以在窗口中利用历史表格构件强大的格式编辑功能，配合 MCGS 的画图功能设计出各种精美的报表。

历史表格编辑和显示的设定与自由表格的设置方法类似。历史表格有两种连接模式：一种是用表元或合成表元连接 MCGS 实时数据库变量以实现对指定表格单元进行统计，另一种是用表元或合成表元连接 MCGS 历史数据库以实现对指定历史记录进行显示和统计。这两种连接模式可以通过历史表格的"数据来源"页的设置来实现。数据来源包括"组对象的存盘数据"、"标准 Access 数据库文件"、"ODBC 数据库"三种。

下面以一个实例说明自由表格和历史表格的使用方法。

【例 3-7】

（1）组态要求

一个燃气锅炉热力控制系统中包含 5 台锅炉。

① 要求在一个用户窗口中设计一个自由表格，用来显示该系统中的 5 台锅炉的实时运行数据，包括锅炉的蒸汽流量、压力、烟气温度。

② 在另一个用户窗口中建立一个记录历史数据的表格，该表格可以显示系统中所有锅炉的蒸汽流量的历史记录和年流量累计值，可以显示所有锅炉的压力历史记录，历史表格中的每行对应某一时间的一条数据记录，要求该表格指定和硬盘中的 MCGS 历史数据库连接。

（2）组态方法

① 在 MCGS 组态环境下，单击绘图工具箱上的 ▦ 图标，光标变为十字光标，在该窗口中用鼠标拖出一个 4×4 的自由表格，可增加适当的行与列，合并部分表元，并适当调节行与列的宽度，在部分表元内输入描述文字等，结果如图 3-26 所示。

系统实时数据

连接	C1*	C2*	C3*	C4*	C5*	C6*	C7*	C8*	C9*	C10*	C11*	C12*	C13*	C14*	C15*
R1*															
R2*															
R3*															
R4*															

图 3-26　自由表格的连接模式

双击表格激活表格构件，进入表格编辑模式。在编辑模式下，单击绘图工具条上的 ▩ 按钮，使表格切换到与数据对象的连接模式。在连接模式下，表格的行号和列号后面加 "*"。在表格表元中，填写数据对象的名称，或直接单击右键，从数据对象的列表中选择对应的数据对象，以建立表格表元和实时数据库中数据对象的连接。此自由表格中的 R4 行 C1~C15 列对应的数据对象分别为："蒸汽流量 1"～"蒸汽流量 5"、"压力 1"～"压力 5"、"烟气温度 1"～"烟气温度 5"。运行时，MCGS 将把数据对象的值显示在对应连接的表格表元中。

② 添加历史表格，方法是：单击绘图工具箱上的 ▦ 图标，光标变为十字光标，在该窗口中用鼠标拖出一个 4×4 的历史表格；双击该表格，进入编辑状态后，可利用绘图编辑条根据需要添加表格的行和列，可仿照自由表格的编辑方法把表格设计为如图 3-27 所示的格式。

历史存盘数据表

时间	运行号	燃气锅炉部分										
		蒸汽流量 (t/h)						压力 (Mpa)				
		1#	2#	3#	4#	5#	累计量	1#	2#	3#	4#	5#
YYYY-MM-DD hh:mm:ss		3|0	3|0	3|0	3|0	3|0	3|0	3|0	3|0	3|0	3|0	3|0
YYYY-MM-DD hh:mm:ss		3|0	3|0	3|0	3|0	3|0	3|0	3|0	3|0	3|0	3|0	3|0
YYYY-MM-DD hh:mm:ss		3|0	3|0	3|0	3|0	3|0	3|0	3|0	3|0	3|0	3|0	3|0
YYYY-MM-DD hh:mm:ss		3|0	3|0	3|0	3|0	3|0	3|0	3|0	3|0	3|0	3|0	3|0
YYYY-MM-DD hh:mm:ss		3|0	3|0	3|0	3|0	3|0	3|0	3|0	3|0	3|0	3|0	3|0
YYYY-MM-DD hh:mm:ss		3|0	3|0	3|0	3|0	3|0	3|0	3|0	3|0	3|0	3|0	3|0
YYYY-MM-DD hh:mm:ss		3|0	3|0	3|0	3|0	3|0	3|0	3|0	3|0	3|0	3|0	3|0
YYYY-MM-DD hh:mm:ss		3|0	3|0	3|0	3|0	3|0	3|0	3|0	3|0	3|0	3|0	3|0
YYYY-MM-DD hh:mm:ss		3|0	3|0	3|0	3|0	3|0	3|0	3|0	3|0	3|0	3|0	3|0
YYYY-MM-DD hh:mm:ss		3|0	3|0	3|0	3|0	3|0	3|0	3|0	3|0	3|0	3|0	3|0
YYYY-MM-DD hh:mm:ss		3|0	3|0	3|0	3|0	3|0	3|0	3|0	3|0	3|0	3|0	3|0
YYYY-MM-DD hh:mm:ss		3|0	3|0	3|0	3|0	3|0	3|0	3|0	3|0	3|0	3|0	3|0
YYYY-MM-DD hh:mm:ss		3|0	3|0	3|0	3|0	3|0	3|0	3|0	3|0	3|0	3|0	3|0
YYYY-MM-DD hh:mm:ss		3|0	3|0	3|0	3|0	3|0	3|0	3|0	3|0	3|0	3|0	3|0

图 3-27　该系统历史数据表

单击工具条上的 ▩ 按钮，使表格切换到与数据对象的连接模式。在连接状态下，根据需要选定多个表元（如 1#锅炉蒸汽流量对应的 C3 列），单击工具栏中的▣按钮，合并表元，使选中的表格出现斜线，表示表元被选中。双击带斜线的表元，弹出数据库连接设置窗口，基本属性设置如图 3-28（a）所示，可设定数据连接方式为"在指定的表格内，显示满足条件的数据记录"，显示方式设置为"按照从上到下的方式填充数据行"和"显示多页记录"。

数据来源设定如图 3-28（b）所示，指定 C3～C7 列的数据来源为标准 Access 数据库文件。对应其中每列的数据显示与数据对象的关系的设置如图 3-28（c）所示，C3～C7 列分别对应 5 个锅炉的蒸汽流量。

时间条件用于设置查询记录的时间范围，数值条件用于设置查询记录的数值条件，本例中均为默认设置，如图 3-28（d）、（e）所示。

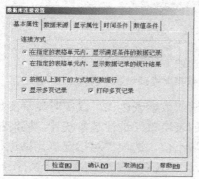

（a）历史表格基本属性设置页

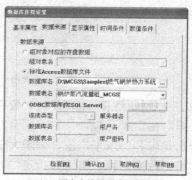

（b）历史表格数据来源设置页

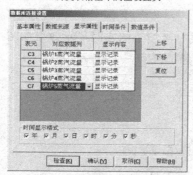

（c）历史表格显示属性设置页

（d）历史表格时间条件设置页

（e）历史表格数值条件设置页

图 3-28　历史表格构件历史数据库连接设置窗口

对历史数据库的连接还有一种功能是显示统计结果，即在指定的表格单元内显示数据记录的统计结果，在"显示属性"页中可以对每个字段分别设置统计方式，表格构件中内建了7种统计方式，分别是求和、求平均值、求最大值、求最小值、首记录、末记录和求累积量。

此外，如果历史表格连接的是 MCGS 的实时数据库，则右键单击指定表元，即弹出其单元连接属性设置窗口，如图 3-29 所示。

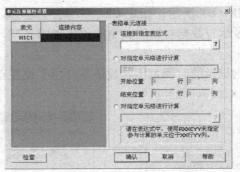

图 3-29 历史表格构件实时数据库连接设置窗口

"表达式"栏用于连接 MCGS 实时数据库变量或数学表达式，以实时显示变量或表达式的值。如选择对指定单元进行计算，则可对指定的表格单元进行基本统计，同时提供 4 种统计方式，分别是求和、求平均值、求最大值、求最小值。选项"对指定单元格进行计算"是对指定单元进行四则运算，用于对指定的表格单元（RXXCYY 中的 XX 代表行号，YY 代表列号）进行四则运算，如"R02C01/10+500"。

（3）运行结果

在 MCGS 运行环境下，自由表格在 MCGS 运行环境下的实时显示效果如图 3-30 所示。

系统实时数据

燃 气 锅 炉 数 据														
蒸汽流量(t/h)					压力 (Mpa)					烟气温度 (℃)				
1#	2#	3#	4#	5#	1#	2#	3#	4#	5#	1#	2#	3#	4#	5#
58.99	58.99	58.99	58.99	58.99	58.99	58.99	58.99	58.99	58.99	58.99	58.99	58.99	58.99	58.99

图 3-30 系统中的实时数据显示窗口

历史表格在 MCGS 运行环境下的显示效果如图 3-31 所示。

历史存盘数据表

时 间	运行号	燃 气 锅 炉 部 分										
		蒸汽流量(t/h)						压力 (Mpa)				
		1#	2#	3#	4#	5#	累计量	1#	2#	3#	4#	5#
2007-10-17 22:54:22	374	50.148	50.148	50.148	50.148	50.148	2000.000	50.148	50.148	50.148	50.148	50.14
2007-10-17 22:54:32	389	30.841	30.841	30.841	30.841	30.841	2000.000	30.841	30.841	30.841	30.841	30.84
2007-10-23 08:42:13	140	268.511	268.511	268.511	268.511	268.511	2000.000	268.511	268.511	268.511	268.511	268.51
2007-10-23 08:42:23	155	226.252	226.252	226.252	226.252	226.252	2000.000	226.252	226.252	226.252	226.252	226.25
2007-10-23 08:42:33	155	480.495	480.495	480.495	480.495	480.495	2000.000	480.495	480.495	480.495	480.495	480.49
2007-10-23 08:42:43	109	431.384	431.384	431.384	431.384	431.384	2000.000	431.384	431.384	431.384	431.384	431.38
2007-10-23 08:42:53	125	383.247	383.247	383.247	383.247	383.247	2000.000	383.247	383.247	383.247	383.247	383.24
2007-10-23 08:43:03	125	336.230	336.230	336.230	336.230	336.230	2000.000	336.230	336.230	336.230	336.230	336.23
2007-10-23 08:43:13	125	290.500	290.500	290.500	290.500	290.500	2000.000	290.500	290.500	290.500	290.500	290.50
2007-10-23 08:43:23	125	247.078	247.078	247.078	247.078	247.078	2000.000	247.078	247.078	247.078	247.078	247.07
2007-10-23 08:43:33	125	505.026	505.026	505.026	505.026	505.026	2000.000	505.026	505.026	505.026	505.026	505.02
2007-10-23 08:43:43	125	455.729	455.729	455.729	455.729	455.729	2000.000	455.729	455.729	455.729	455.729	455.72
2007-10-23 08:43:53	125	407.204	407.204	407.204	407.204	407.204	2000.000	407.204	407.204	407.204	407.204	407.20
2007-10-23 08:44:03	125	359.570	359.570	359.570	359.570	359.570	2000.000	359.570	359.570	359.570	359.570	359.57
2007-10-23 08:44:13	94	313.283	313.283	313.283	313.283	313.283	2000.000	313.283	313.283	313.283	313.283	313.28
2007-10-23 08:44:23	125	268.511	268.511	268.511	268.511	268.511	2000.000	268.511	268.511	268.511	268.511	268.51

图 3-31 系统中的历史数据显示窗口

3.2.7 报警显示构件的使用

报警显示构件专用于实现 MCGS 系统的报警信息管理、浏览和实时显示的功能。该构件直接与 MCGS 系统中的报警子系统相连接，将系统产生的报警事件显示给用户。报警显示构件在可见的状态下，将系统产生的报警事件逐条显示出来。在 MCGS 运行时，每条报警事件中将显示报警时间、对应的数据对象名、报警类型、报警事件、数据对象的当前值、数据对象的界限值和报警描述。报警类型包括上限报警、上上限报警、下限报警、下下限报警、下偏差报警和上偏差报警和开关量报警等。报警事件包括报警产生、报警结束和报警应答；报警描述显示数据对象报警的描述信息。

下面以一个实例说明报警显示构件的使用方法。

【例 3-8】

（1）组态要求

某锅炉控制系统中要求对锅炉的液位、压力和温度值的上限和下限变化显示报警信息。对于液位来说，其上限报警值为 10，下限报警值为 1；压力仅设定其上限报警值为 2；温度的上限报警值为 80，下限报警值为 20。

（2）组态方法

在 MCGS 组态环境下，在用户窗口内单击绘图工具箱中的 按钮，光标变为十字光标，在报警用户窗口中，用鼠标拖出一个大小适中的报警显示窗口。报警显示窗口中包含报警产生、报警应答和报警结束等多条报警信息，可用不同的颜色加以区分。用鼠标自由改变报警信息显示列的宽度，把不需要的报警信息的列宽设置为 0，这样在 MCGS 运行环境下将不显示该列的内容。锅炉控制系统的报警窗口如图 3-32 所示，该窗口中包括三个报警显示窗口，对应的数据对象分别为"液位"、"压力"和"温度"三个数值型的数据对象。

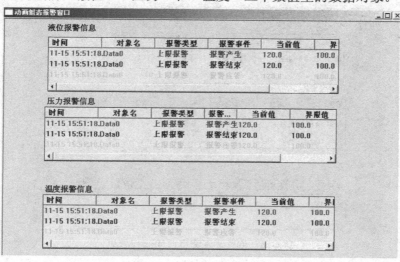

图 3-32 锅炉控制系统报警窗口

双击该报警显示构件，可以使其进入激活状态，再双击该构件，即进入其属性设置页，以液位报警信息为例，如图 3-33 所示。

在"基本属性"设置中，指定该构件对应的数据对象为"液位"。数据对象也可以设置为组对象，当设置为组对象时，该对象的所有成员在运行时的报警信息都会在此窗口中显示；报警显示时的颜色为默认设置，即红色对应报警开始、绿色对应报警应答、蓝色对应正常运行。最大记录次数可根据需要而定，如果设为零或不设置，MCGS 将设定上限为 2000，这里设置为 10。如果希望在运行时可根据游览的情况改变显示报警信息的列的宽度，可以在对应的选项前打"∨"。

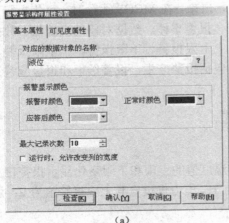 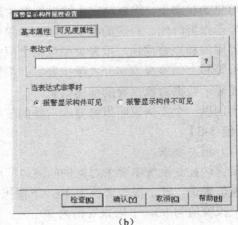

图 3-33　报警显示构件的属性设置窗口

该构件的可见度设置包括可见与不可见两种显示状态。对于锅炉控制系统中的液位报警信息可不设定其可见度条件，即在任何情况下均显示该构件。

（3）运行结果

该系统报警窗口的运行效果如图 3-34 所示，在系统运行时，将根据对应数据对象的数值的变化显示报警信息。

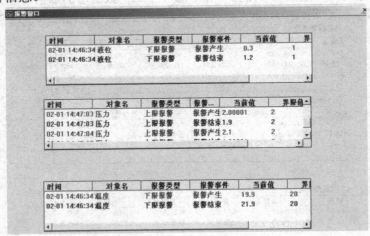

图 3-34　例 3-8 报警窗口的运行效果

3.2.8　实时曲线和历史曲线的使用方法

实时曲线是用曲线显示一个或多个数据对象数值的动画图形，实时记录数据对象值的变化情况。实时曲线可以用绝对时间为横轴标度，此时构件显示的是数据对象的值与时间的函数关系。实时曲线也可以使用相对时钟为横轴标度，此时须指定一个表达式来表示相对时钟，构件显示的是数据对象的值相对于此表达式值的函数关系。在相对时钟方式下，可以指定一个数据对象为横轴标度，从而实现记录一个数据对象相对另一个数据对象的变化曲线。

实时曲线的组态包括基本属性设置、标注属性的设置、画笔属性的设置和可见度的设置。基本属性设置包括坐标网格的数目、颜色、线型、背景颜色、边线颜色、边线线型、曲线类型等。其中，曲线的类型有"绝对时钟实时趋势曲线"和"相对时钟实时趋势曲线"两类。标注属性设置包括 X 轴和 Y 轴标注的文字颜色、间隔、字体和长度等，当曲线的类型为"绝对时钟实时趋势曲线"时，需要指定时间格式和时间单位。画笔属性的设置最多可同时显示6 条曲线，可见度的设置可以设置实时曲线构件的可见度条件。

历史曲线的功能是实现历史数据的曲线浏览。运行时，历史曲线能够根据需要画出相应历史数据的趋势效果图，描述历史数据的变化。历史曲线的组态包括基本属性设置、存盘数据、标注设置、曲线表示、输出信息和高级属性。

与实时曲线不同，历史曲线必须指明历史曲线对应的存盘数据的来源，即来源可以是组对象、标准的 Access 数据库文件等；标注设置中要设定历史曲线数据的对应时间；历史曲线也可以绘制多条曲线，并可通过曲线颜色的变化加以区分；输出信息用来在对应数据对象列中定义对象和曲线的输出信息相连接，以便在运行时通过曲线信息显示窗口显示；高级属性的设置包括可在运行时显示曲线翻页操作按钮、运行时显示曲线放大操作按钮、曲线信息窗口、自动刷新周期、自动减少曲线密度、设置端点间隔、信息显示窗口跟随光标移动。

下面以一个实例说明实时曲线和历史曲线的使用方法。

【例 3-9】

（1）组态要求

在某锅炉控制系统中，设计一个实时曲线显示窗口，记录锅炉内的参数的变化（如液位变化的实时曲线）；设计一个包含温度、压力和液位的存盘数据对应的历史曲线显示窗口。

（2）组态方法

实时曲线的添加方法是：在一个用户窗口中，单击绘图工具箱中的 ⊠ 按钮，光标变为十字光标，用鼠标拖出一个大小适中的实时曲线构件。可以根据需要，用鼠标改变该构件的大小和位置。

双击该构件，弹出其属性设置的对话框，其基本属性的设置如图 3-35（a）所示。对于锅炉的液位来说，需要设定的曲线类型是"绝对时钟实时趋势曲线"，这里的 X 轴和 Y 轴的主划线、次划线的数目根据实时曲线显示的效果而确定，其他基本属性的设置为默认设置。

该构件标注属性窗口如图 3-35（b）所示。对于锅炉的液位实时曲线，其 X 轴记录的时间格式为"HH:MM"，即显示记录数据的小时和分钟，记录的时间为 30 分钟。Y 轴对应的最大值和最小值分别为 10 和 0，根据液位变量的设置区间而定。如果在基本属性中选取"绝对时钟趋势曲线"曲线类型，并且将时间单位选取为"小时"时，锁定"X 轴的起始坐标"选项才能被选中，当选中后，X 轴的起始时间将定在所填写的时间位置。

该构件的画笔属性设置窗口如图 3-35（c）所示。这里只选择曲线 1，对应的数据对象为"液位"，颜色为蓝色。数据对象"液位"的实时值作为曲线的 Y 坐标值。可见度属性不设置。

历史曲线的添加方法是：在一个用户窗口中，单击绘图工具箱的 ⊠ 按钮，光标变为十字光标，用鼠标在用户窗口中拖出一个大小适中的历史曲线构件，根据需要，用鼠标改变该构件的大小和位置。双击该构件，即弹出其属性设置的对话框，如图 3-36 所示。

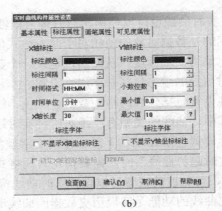

(a)

(b)

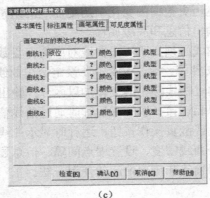

(c)

图 3-35　实时曲线构件属性设置窗口

图 3-36（a）中设置了曲线名称（"历史数据"）、曲线网络标注和曲线背景等，与实时曲线的设置基本类似。图 3-36（b）中指明了历史曲线对应的存盘数据的来源对应组对象"数据"，该组对象包含三个成员，分别是温度、压力和液位。图 3-36（c）中设定了历史曲线的时间单位为"时"、时间格式为"时:分:秒"。图 3-36（d）中设定了曲线的显示区间和标识，分别指定曲线 1 对应温度、曲线 2 对应压力、曲线 3 对应液位，三条曲线通过颜色加以区分：温度为红色、压力为绿色、液位为蓝色。输出信息的设置用来显示曲线的信息，设置方法如图 3-36（e）所示，曲线 1、2、3 对应的输出信息改为"温度"、"压力"、"液位"。高级属性为默认设置，如图 3-36（f）所示。

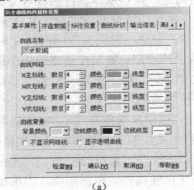

(a)

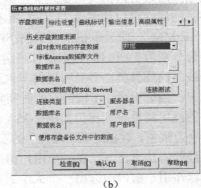

(b)

图 3-36　历史曲线构件属性设置

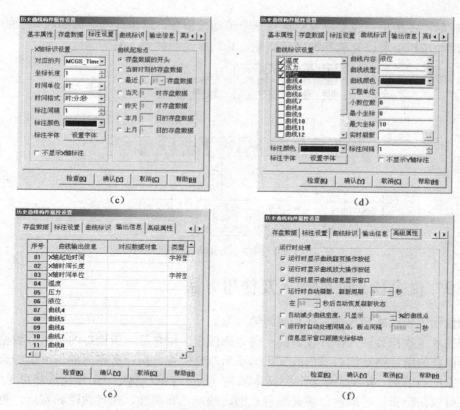

图 3-36 历史曲线构件属性设置（续）

（3）运行结果

该锅炉系统液位的实时曲线显示结果如图 3-37 所示。

该锅炉系统历史曲线的显示效果如图 3-38 所示。

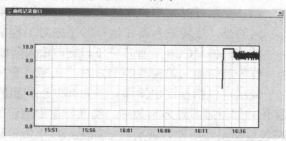

图 3-37 锅炉控制系统液位值的曲线记录窗口

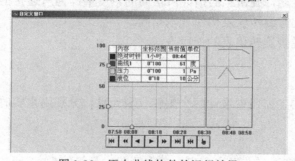

图 3-38 历史曲线构件的运行效果

在运行时，在历史曲线显示窗口下有一个滚动按钮条，这也是与实时曲线显示的不同之处，通过滚动按钮条可以完成各种显示功能，其功能说明如图3-39所示。

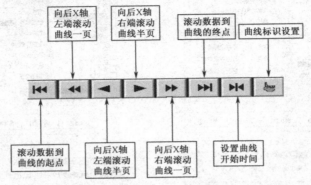

图 3-39　历史曲线构件下方的滚动按钮条的功能

3.2.9　仪表盘元件的调入及使用方法

仪表盘元件包括旋转仪表构件和旋转输入器。

旋转仪表是模拟旋转式指针仪表的一种动画图形，用来显示所连接的数值型数据对象的值。旋转仪表的指针随数据对象值的变化而不断改变位置，指针所指向的刻度值即为所连接的数据对象的当前值。其属性设置包括基本属性、刻度与标注属性、操作属性和可见度属性。基本属性可以指定指针的颜色、填充颜色、圆边的颜色和线性、指针边距和宽度，也可以装载个性的背景图。刻度与标注属性可设定旋转仪表的刻度表示方法，包括颜色、分度、字体等，标注显示的方式和位置。操作属性可以设定其对应的数据对象、旋转仪表的跨度范围和旋转仪表的整个显示跨度与数据对象值的对应关系。可见度属性设置该构件的可见度条件。

图 3-40　旋转输入器

MCGS 的动画构件中还包括旋转输入器，用来数据对象的显示。在运行时，用户不能改变对应数据对象的值。与旋转仪表不同的是，旋转输入器在运行时用来对工程中的指定数据对象进行赋值。在 MCGS 运行环境下，旋转输入器如图 3-40 所示，当鼠标位于旋转输入器构件的上方时，光标将变为带方向箭头的形状，表示可以执行旋钮操作。当光标位于旋钮的右半边时，为顺时针箭头，表示用户的操作将使旋钮沿顺时针方向旋转；当光标位于旋钮的左半边时，为逆时针箭头，表示用户的操作将使旋钮沿逆时针方向旋转。如果用户单击鼠标左键，旋钮输入器构件将按照用户的要求转动，旋钮上的指针所指向的刻度值即为所连接的数据对象的值。旋转输入器构件的组态过程与旋转仪表构件基本相同。

下面以一个实例说明旋转仪表的使用方法。

【例 3-10】

（1）组态要求

在锅炉控制系统的主窗口中设计两个旋转仪表元件，分别用来实时显示温度和压力的变化过程。

（2）组态方法

在 MCGS 组态环境下，在用户窗口内单击绘图工具箱的 按钮，光标变为十字光标，在窗口的适当位置，用鼠标拖出大小适中的旋转仪表。双击该构件，即弹出其属性设置的对话框，如图 3-41（a）所示，"指针颜色"为红色、"填充颜色"为灰色、"圆边颜色"为黑色、"指针边距"为 12、"指针宽度"为 6。刻度与标注属性的设定如图 3-41（b）所示，根据显示效果确定刻度的主划线、次划线分别为 5 和 2，颜色为黑色，"标注显示"为"顺时针旋转方向"、"显示正负号"、"在圆的外面显示"。操作属性的设置如图 3-41（c）所示，"对应的数据对象的名称"为"温度"，最大逆时针和顺时针角度均为 135 度，分别对应温度的上限值 0、下限值和 100。可见度属性设置为默认设置，如图 3-41（d）所示。

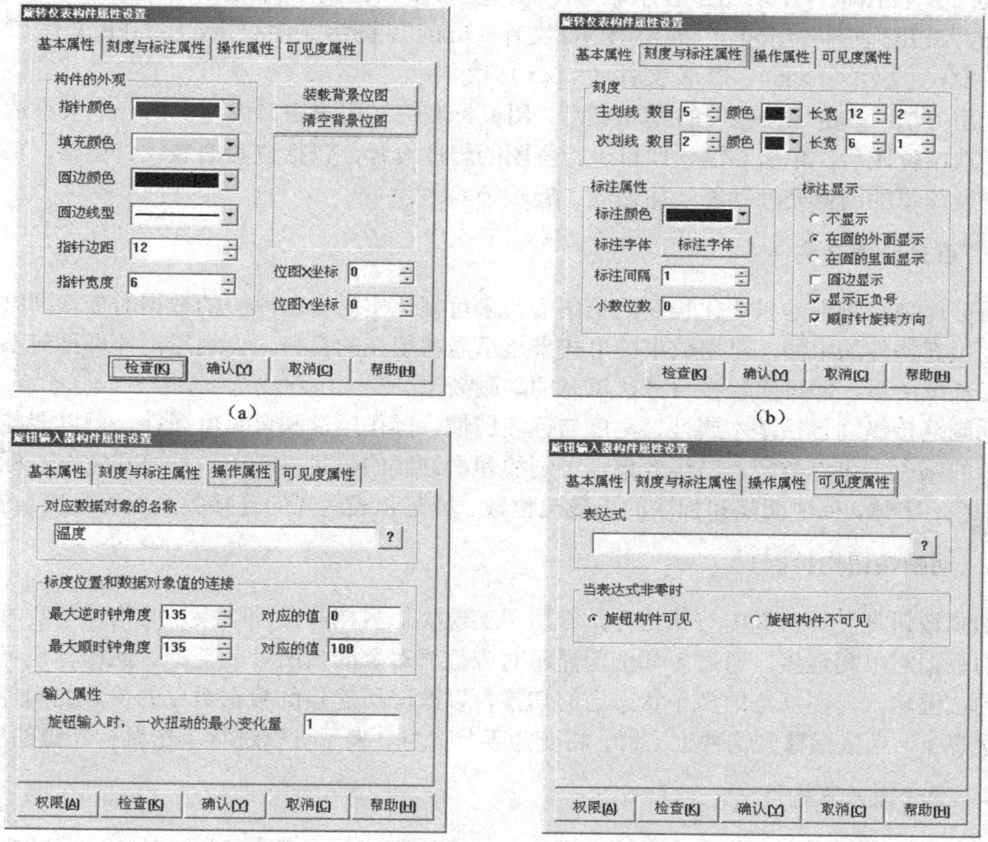

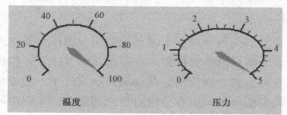

图 3-41　旋转仪表构件的属性设置

（3）运行结果

在 MCGS 的运行环境下，显示锅炉温度和压力的旋转仪表如图 3-42 所示。

图 3-42　例 3-10 旋钮仪表的显示效果

3.2.10　其他图形构件简介

MCGS 的绘图工具箱中还提供了其他图形构件，由于篇幅的原因不能一一列举其组态过程，下面简单介绍。

1．位图构件 🖼

MCGS 位图构件主要用于显示静态图像，支持多种格式的图像文件，包括：位图文件（*.bmp），JPEG 文件（*.jpg，*.jpeg），PNG 文件（*.png），图标文件（*.ico），TIFF 文件（*.tiff，*.tif），TGA 文件（*.tga），PCX 文件（*.pcx）。

使用方法：单击工具箱中的 🖼 按钮后，用鼠标左键在用户窗口中拖曳出一个大小适宜的位图，选中位图后，单击右键，即可进行位图的属性设置，包括位图的装载、调整、粘贴、复制以及简单的图像处理功能（如缩放、旋转等）。

2．百分比填充构件 📊

百分比填充物件是以变化长度的长条形图来可视化实时数据库中的数据对象。同时，在百分比填充构件的中间，可用数字的形式来显示当前填充的百分比。利用构件可见与不可见的相对长度关系，即可实现按百分比填充的动画效果。

动画连接属性包括基本属性、刻度与标注属性、操作属性和可见度属性，可以调整百分比显示的颜色、边界类型、三维效果、主划线和次划线的数目、颜色、长度和宽度、标注文字的颜色、字体、标注间隔和标注的小数位位数、填充和表达式的连接关系及可见度设置等。

3．动画按钮构件 ⇄

动画按钮是一种特殊的按钮构件，专用于实现类似多档开关的效果。此构件与实时数据库中的数据对象相连接，通过多幅位图显示对应数据对象的值所处的范围。此构件也可接受用户的按键输入，在规定的多个状态之间切换，以改变所连接的数据对象的值。此构件在可见的状态下，当鼠标移到构件上方时，将变为手状光标，表示可以进行单击鼠标左键的操作。

4．滑动输入器构件 🎚

这是模拟滑块直线移动实现数值输入的一种动画图形，使用户能用滑轨来完成改变对应数据对象值的功能。运行时，当鼠标经过滑动输入器构件的滑动块上方时，鼠标指针变为手状光标，表示可以执行滑动输入操作，按住鼠标左键拖动滑块，改变滑块的位置，进而改变构件所连接的数据对象的值。其属性设置窗口和属性设置的方法与旋转输入器构件的类似。

5．动画显示构件 🎞

动画显示构件用于实现动画显示和多态显示的效果。通过与表达式建立连接，动画显示构件用表达式的值来驱动切换显示多幅位图。在多态显示方式下，构件用表达式的值来寻找分段点，显示指定分段点对应的一幅位图。在动画显示方式下，当表达式的值为非 0 时，构件按指定的频率，循环顺序切换显示所有分段点对应的位图。多幅位图的动态切换显示就实现了特定的动画效果。动画显示构件属性设置窗口见图 3-14。

6．存盘数据游览构件

此构件的功能在于通过 MCGS 变量对数据库实现各种操作和数据浏览。使用本构件，用户可以将数据库中的数据列（字段）与 MCGS 数据对象建立连接。通过这种方式，在 MCGS 中可以取得、浏览数据库中的记录。

7．文件插播构件

文件插播构件用于显示 BMP 图像文件，JPG 图像文件及 AVI 动画文件。通过文件类型和连接文件的控制，可以选择多种图像文件和动画文件。

8．下拉框构件

MCGS 通用版的下拉框构件包括 5 种：简单组合框、下拉组合框、列表组合框、策略组合框以及窗口组合框，不同类型的组合框有不同的功能，其功能如下。

- ⊙ 简单组合框：从直接显示的编辑框和列表框中选择对应项到编辑窗口。
- ⊙ 下拉组合框：可以编辑组合框构件当前内容或者从下拉列表中选择。
- ⊙ 列表组合框：从下拉列表中选择对应项到编辑窗口。
- ⊙ 策略组合框：从下拉列表中选择对应策略并执行。
- ⊙ 窗口组合框：从下拉列表中选择用户窗口并打开该窗口。

9．选择框构件

利用选择框构件，用户可以在一个下拉组合框中选择打开选定的窗口、执行指定的策略，或在一组字符型的内容中选择其中之一。

10．多行文本构件

用户可以在一个文本编辑框中显示或输入多行文字内容。包括构件的名称和构件的数据对象的连接。数据对象的连接包括文本内容和编辑状态。文本内容是连接一个字符型变量，该变量与多行文本的内容相连，文本编辑完成后，该变量的内容即为多行文本框的用户输入的内容。编辑状态连接一个开关型的变量，表示多行文本框中的内容是否可编辑，当变量值为 0 时，多行文本框中的内容不可编辑，否则内容可编辑。

11．通用棒图构件

其功能为将数值变量的值实时地以棒图或累加棒图的形式显示出来。

12．格式文本构件

用户可以在一个文本编辑框浏览、编辑一个带有格式的文本文件（RTF 文件）。

13．存盘数据处理构件

其功能是对数据库实现各种操作和数据处理。使用本构件，用户可以将数据库中的数据列（字段）与 MCGS 数据对象建立连接，取得、浏览或修改数据库中的记录。

14．条件曲线构件

条件曲线构件用于把历史存盘数据库中，满足一定条件的数据以曲线的形式显示出来。与历史曲线不同的是，条件曲线没有实时刷新功能，处理的数据不是整个历史数据库，而只是其中满足一定条件的数据集合。同时，条件曲线构件的 X 轴可以为绝对时间、相对时间或数值型量等多种形式。

15. 计划曲线构件 ⌁

其功能是可以预先设置一段时间内的数据变化情况，然后在运行时，由构件自动对用户指定变量的值进行设置，使变量的值与用户设置一致。计划曲线还可以在构件内显示最多 16 条实时曲线，从而与用户设定的计划曲线形成对比。

16. 设置时间构件 🖼

设置时间构件用于在运行时设置时间范围，在组态时设置工作方式及变量的连接，在运行状态时接受用户的输入。用户输入完成后，它将得到时间范围，用开始时间和结束时间的形式表示，并将开始时间和结束时间以字符串的形式送到指定的 MCGS 字符型变量中。设置时间构件一般与其他构件一起使用，为其他构件如曲线、存盘数据处理等构件提供操作数据的时间范围。

17. 相对曲线构件 🖼

相对曲线构件能以实时曲线的方式显示一个或若干个变量与某一指定变量的函数关系。例如，显示当温度发生变化时，压力对应的变化情况。

3.3 多个图形对象的排列方法

在进行用户窗口的设计时，常常会根据需要对特定的图形或多个图形通过组合、分解或进行必要的排列、旋转等操作以形成形象生动的动画效果，这也是组态过程中一个必不可少的步骤。

MCGS 组态环境中专门设计了一个辅助图形对象编辑的"绘图编辑条"，在进行用户窗口设计时可以在"查看"下拉菜单中找到。此外，也可以在"排列"下拉菜单中找到所有的与其对应的图形排列方法，其对应的功能如表 3.1 所示。

3.3.1 多个图形对象的组合、分解

组合图形对象即把多个图形对象按照需要组合成一个组合图符，以便形成一个比较复杂的、可以按比例缩放的图形元素。分解图形对象与组合图形对象正好相反，可以把一个复杂的图形分解成若干个图符。这两种方法在用户窗口组态时经常使用。

下面以一个实例说明多个图形对象组合、分解的用法。

【例 3-11】

（1）组态要求

在某系统的监控窗口中添加一个控制柜示意图，如图 3-43 所示。

（2）组态方法

在用户窗口中打开"常用图符工具箱"和"绘图工具箱"，利用工具箱中的基本图符来绘制该控制柜。在该控制柜的绘制过程中需要利用如下基本图形："矩形"、"平行四边形"、"凹平面"、"凸平面"、"直线"、"圆形"等。如控制柜的显示和按钮部分，是把一个深灰色

表 3.1　图形对象排列方法及其功能

菜单名	图标	功能说明
构成图符	🔲	多个图元或图符构成新的图符
分解图符	🔲	把图符分解成单个的图元
合成单元	无	多个单元合成一个新的单元
分解单元	无	把一个合成单元分解成多个单元
最前面	🔲	把指定的图形对象移到最前面
最后面	🔲	把指定的图形对象移到最后面
前一层	🔲	把指定的图形对象前移一层
后一层	🔲	把指定的图形对象后移一层
左对齐	🔲	多个图形对象和当前对象左边对齐
右对齐	🔲	多个图形对象和当前对象右边对齐
上对齐	🔲	多个图形对象和当前对象上边对齐
下对齐	🔲	多个图形对象和当前对象下边对齐
纵向等间距	🔲	多个图形对象纵向等间距分布
横向等间距	🔲	多个图形对象横向等间距分布
等高宽	🔲	多个图形对象和当前对象高宽相等
等高	🔲	多个图形对象和当前对象高度相等
等宽	🔲	多个图形对象和当前对象宽度相等
窗口对中	🔲	多个图形对象和当前对象中心对齐
纵向对中	🔲	多个图形对象和当前对象纵向对中
横向对中	🔲	多个图形对象和当前对象横向对中
左旋 90 度	🔲	当前对象左旋 90 度
右旋 90 度	🔲	当前对象右旋 90 度
左右镜像	🔲	当前对象左右镜像
上下镜像	🔲	当前对象上下镜像
锁定	🔲	锁定指定的图形对象
固化	🔲	固化指定的图形对象
激活	无	激活所有固化的图形对象
转换为多边形/多边形旋转	🔲	转换为多边形或机型多边形旋转

的凸平面和一个浅蓝色的凹平面以及两个红色和绿色的按钮叠放在一起构成的。在叠放的同时要考虑各个图符的叠放层次。图符绘制完毕后用鼠标全部选中所有图符后，单击右键即显示可选操作，如图 3-44 所示。

图 3-43　某系统的控制柜示意图

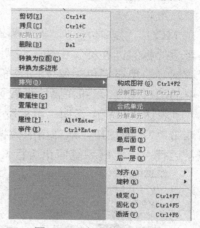

图 3-44　合成单元命令

选择"合成单元"，即可把已绘制的控制柜的各个图元或图符组成一个新的单元。此命令用于把用户窗口中的多个对象合成一个单元，作为一个整体以便于操作，组成单元的每个对象仍保持原有动画属性不变。在构成新单元后，各图元或图符的位置关系及大小比例将保持不变。"分解单元"命令的作用与"合成"命令相反。在本例中，当控制柜形成新的单元后，如果选择"分解单元"命令，就又可以使其分解为原来的图元或图符。

3.3.2　多个图形对象的对齐和旋转方法

当在用户窗口中绘制了多个图形对象后，可以把当前对象作为基准，对被选中的多个图形对象进行相对位置和大小关系调整，包括排列对齐、中心点对齐以及等高、等宽等一系列操作，如表 3-1 中所对应的操作：左对齐、右对齐、上对齐、下对齐、等高宽、等高、等宽、窗口对中、纵向对中、横向对中等。同时可以对图形对象进行左右 90 度旋转和上下镜像的旋转，以获得必要的图形效果。具体的实现方法读者可结合例 3-11 自行练习。

3.3.3 多个图形对象的叠加用法

在上面提到的多个图形对象进行组合构成图符的过程中，还要考虑多个对象的叠加。MCGS 对图形叠放层次提供了 4 种选择：前一层、后一层、最前面和最后面。这 4 种叠放层次可以把多个图形根据需要进行叠加，形成一个新的图元，以符合系统需要。

下面以一个实例说明图形对象的叠加用法。

【例 3-12】

（1）组态要求

在某工程的用户窗口中利用标签的叠加用法来显示系统运行的状态。在控制系统正常运行时，显示说明文字"系统运行"，当系统停止运行时，显示说明文字"系统停止"。在系统正常运行时显示的标签为绿色，字符的颜色为蓝色；当控制系统停止运行时显示的标签为红色，字符的颜色为黑色。

（2）组态方法

在 MCGS 组态环境下，打开编辑的用户窗口，单击绘图工具箱中的 A 按钮，添加一个大小合适的标签，在标签中输入说明文字"系统运行"；双击该构件，进行标签属性设置，设置该标签的填充颜色为绿色，字符颜色为蓝色，如图 3-45（a）所示；选中"特殊动画连接"中的"可见度"，即在属性设置页后出现"可见度"页。"可见度"页如图 3-45（b）所示，在"表达式"栏中指明"可见度"动画连接对应的表达式为"ss"，也可以单击表达式一栏右端带"?"的按钮，从弹出的数据对象列表框中选择（ss 为开关型数据对象，ss=0 时系统正常运行，ss=1 时系统停止运行）。通过以上步骤即完成了"系统运行"标签的添加。

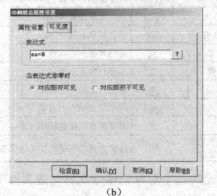

图 3-45 "系统运行"标签的动画连接

"系统停止"标签的添加可直接选中刚建立的"系统运行"标签，复制一个新的标签后，单击右键，选中"改字符"命令，更改标签的显示字符为"系统停止"。双击该标签，对其属性进行进一步更改，如图 3-46 所示。该标签的填充颜色为红色，字符颜色为黑色，可见度条件是"ss=1"。

用鼠标拖动两个标签，使之彼此完全重叠，并全部选中合成为一个单元。

（3）运行结果

在 MCGS 运行环境下，当系统正常运行（ss=0）时，显示效果如图 3-47（a）所示，当系统停止运行（ss=1）时，显示效果如图 3-47（b）所示。

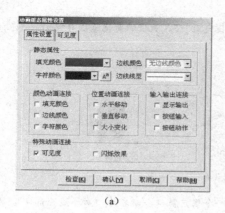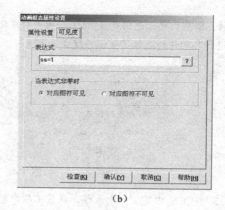

(a)　　　　　　　　　　　　　　　　　　　(b)

图 3-46　"系统停止"标签的动画连接

（a）系统正常运行时的标签显示效果　　　　　　（b）系统停止运行时的标签显示效果

图 3-47　例 3-12 的运行效果

3.3.4　图形构件的锁定、固化和激活方法

当图形对象设计完毕后，可以锁定对象的位置和大小，使用户在设计时没有解锁即不能对其进行修改，避免编辑时，因误操作而破坏组态完好的图形。图形被锁定后仍然可以激活，并可以改变它的颜色和动画等属性。如果当前对象处于被锁定状态，执行"锁定"命令，则解除对象的锁定状态。

固化对象的含义是，当图形对象被固化后用户就不能选中它，也不能对其进行各种编辑工作。在组态过程中，一般把作为背景用途的图形对象加以固化，以免影响其他图形对象的编辑工作。激活的作用与固化正好相反，可以对固化过的图形对象激活后进行编辑。

习　题　3

3-1　在 MCGS 中，用户窗口分为几种？各有何特点和用途？如何设置用户窗口的不同类型？

3-2　什么是子窗口？子窗口与普通的用户窗口的区别是什么？

3-3　MCGS 所提供的图形构件的动画连接形式共包括几大类？每类又包含几种不同的动画连接？各种动画连接主要要实现的动画效果是什么？

3-4　在 MCGS 中图形构件共分为多少种？每种图形构件的作用是什么？

3-5　在 MCGS 中建立一个工程。在该工程中创建一个用户窗口，命名为"系统运行窗口"，在窗口中添加一个标签构件，更改其字符为"锅炉控制系统监控画面"。要求：对该标签实现动画连接，使其在锅炉运行时标签的填充颜色为绿色，标签的字体颜色为黑色，当锅炉停止运行时标签的填充颜色为红色，字体为黑色，且标签以中速闪烁。

3-6　在 MCGS 中建立一个锅炉工程，在该工程中的用户窗口中添加三个仪表盘元件，对应的数据对象分别为"温度"、"压力"和"液位"。其中，温度和压力的图形构件是仪表盘元件，液位的图形构件是百分比填充构件。温度的变化范围是0~100，压力的变化范围是0~5，液位的变化范围0~20。要求：按照图3-48所示进行各构件的属性设置，并建立动画连接。

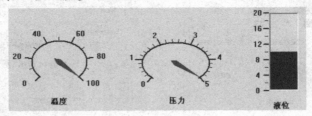

图3-48 题3-6图

3-7 在 MCGS 中建立一个工程。在该工程中创建一个用户窗口，命名为"油库监控窗口"，利用绘图工具箱完成用户窗口，并建立动画连接，使油罐车运行到指定位置时相应的阀门打开，泵开始运行，此时管道内有液体的流动。如图3-49所示。

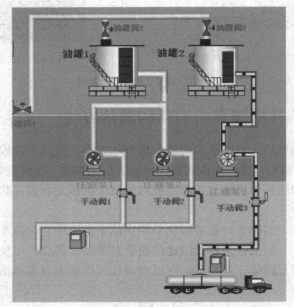

图3-49 题3-8图

第4章 运行策略组态

运行策略是指对监控系统运行流程进行控制的方法和条件，能够对系统执行某项操作和实现某种功能而进行有条件的约束。运行策略由多个复杂的功能模块组成，称为"策略块"，用来完成对系统运行流程的自由控制，使系统能按照设定的顺序和条件操作实时数据库，控制用户窗口的打开、关闭，以及控制设备构件的工作状态等，从而实现对系统工作过程的精确控制及有序的调度管理。

4.1 脚本程序

MCGS 为用户提供了一个可以进行语言编程的环境即脚本程序编辑窗口，如图 4-1 所示，在这里，用户可以灵活地实现控制流程和各种操作。脚本程序编辑窗口有多种进入方式，如第 3 章所述在图形构件的动画组态中可以进入脚本程序编辑环境，而经常采用的一种方法是在进行策略组态时通过脚本程序策略构件来进入脚本程序编辑窗口。

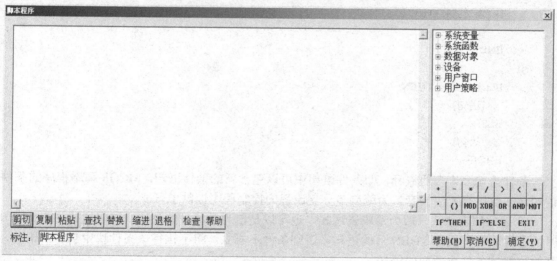

图 4-1　脚本程序编辑窗口

在脚本程序编辑窗口中，窗口的左侧可以编写相应的脚本程序语句，窗口的下方还提供了剪切、复制、粘贴等编辑功能。窗口的右侧是 MCGS 操作对象和函数列表，列出了工程中所有的窗口、策略、设备、变量、系统支持的方法、属性及各类系统函数，以供用户快速查找和使用。窗口的右下方是 MCGS 使用的语句和表达式类型，用户用鼠标单击，即可完成主要语句的编程。脚本程序的编程语法非常类似于普通的 BASIC 语言，对于大多数简单的应用系统，MCGS 的脚本程序通常只用来进行生产流程的控制和监测，而对于比较复杂的系统，脚本程序可以利用相对复杂的控制算法来实现系统的实时控制。正确地编写脚本程序可简化组态过程，大大提高工作效率，优化控制过程。

4.1.1　脚本程序语言概述

MCGS 中脚本程序只有 4 种基本的语句，即赋值语句、条件语句、退出语句和注释语句，通过这 4 种简单的语句进行编程，可以实现许多复杂的控制流程。

1. 赋值语句

基本形式为"数据对象=表达式"，即把"="右边表达式的运算值赋给左边的数据对象。赋值号左边必须是能够读/写的数据对象，如开关型数据、数值型数据、字符型数据及能进行写操作的内部数据对象，而组对象、事件型数据、只读的内部数据对象、系统内部函数及常量均不能出现在赋值号的左边，因为不能对这些对象进行写操作。"="的右边为一表达式，表达式的类型必须与左边数据对象值的类型相符，否则系统会提示"赋值语句类型不匹配"的错误信息。

2. 条件语句

条件语句有如下 3 种形式：

①

```
IF [表达式]　THEN　[赋值语句或退出语句]
```

②

```
IF [表达式]　THEN
    [语句]
ENDIF
```

③

```
IF [表达式]　THEN
    [语句]
ELSE
    [语句]
ENDIF
```

条件语句允许多级嵌套，即条件语句中可以包含新的条件语句，MCGS 脚本程序的条件语句最多可以有 8 级嵌套，为编制多分支流程的控制程序提供了可能。

IF 语句的表达式一般为逻辑表达式，也可以是值为数值型的表达式，表达式的值为非 0 时，条件成立，执行 THEN 后的语句，否则条件不成立，将不执行该条件块中包含的语句，开始执行该条件块后面的语句。

值为字符型的表达式不能作为"IF"语句中的表达式。

3. 退出语句

退出语句为"Exit"，用于中断脚本程序的运行，停止执行其后面的语句。一般在条件语句中使用退出语句，以便在某种条件下，停止并退出脚本程序的执行。

4. 注释语句

在脚本程序中以单引号"'"开头的语句称为注释语句，实际运行时，系统不对注释语句做任何处理。

4.1.2　PID 算法

PID 算法是最早发展起来的控制策略之一，由于其算法简单、鲁棒性好及可靠性高，被广泛地应用于过程控制和运动控制中。尤其是随着计算机技术的发展，数字 PID 控制被广泛地加以应用，不同的 PID 控制算法其控制效果也各有不同。利用 MCGS 的脚本程序可以灵活地进行控制算法的编程，通过脚本程序的策略组态来实现各种控制算法。下面就以几种典型的 PID 算法为例，对 MCGS 脚本程序实现控制算法的方法加以介绍。

1. 增量式标准 PID 控制算法

当执行机构需要的控制量是以增量的形式逐次叠加时，对应的 PID 控制算法称为增量式标准 PID 控制算法。该算法的流程图如图 4-2 所示。

对应的脚本程序如下：

```
e2=e1                              '上上次偏差
e1=e0                              '上次偏差
e0=sv-pv                           '本次偏差=设定值-实际值
pf=p* (e0-e1)                      '比例作用
IF ti=0 THEN                       '积分作用
    jf=0
ELSE
    jf=p*ts*e0/ti
ENDIF
df=p*td*(e0-2*e1+e2)/ts  '微分作用
du=pf+jf+df                        '增量输出
u0=u1+du                           '位置输出
IF u0>=umax THEN u0=umax           '超出位置最大值，位置＝位置最大值
IF u0<=umin THEN u0=umin           '超出位置最小值，位置＝位置最小值
u1=u0                              '为下次循环准备
```

2. 带死区的 PID 控制（SPID）算法

在控制系统中为了避免控制动作过于频繁，设置一个可调的参数 e_0，系统偏差 $|e(k)| \le e_0$ 时，控制量的增量 $\Delta u(k) = 0$，即此时控制系统维持原来的控制量；系统偏差 $|e(k)| > e_0$ 时，控制量的增量 $\Delta u(k)$ 依据增量式标准 PID 算法给出。该算法的流程图如图 4-3 所示。对应的脚本程序如下：

```
e2=e1                              '上上次偏差
e1=e0                              '上次偏差
e0=sv-pv                           '本次偏差
IF e0>-0.5 and e0<0.5 THEN         '偏差小于阈值
    du=0                           '增量为零
ELSE
    pf=p* (e0-e1)                  '否则计算比例作用
    IF ti=0 THEN
        jf=0                       '如果积分时间=0，则无积分作用
    ELSE
        jf=p*ts*e0/ti              '否则计算积分作用
```

开始
数据初始化
采集系统输出
计算系统偏差 e(k)
KP=kp × [e(k)–e(k–1)]
KI=ki × e(k)
KD=kd × [e(k)–2e(k–1)+e(k–2)]
Δu(k)=KP+KI+KD
u(k)=u(k–1)+Δu(k)
u(k)>=umax?
Y
u(k)=umax
N
u(k)<=umin?
Y
u(k)=umin
N
u(k–1)=u(k)
返回

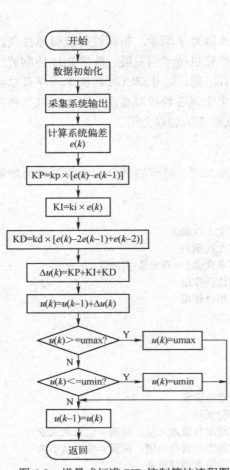

图 4-2　增量式标准 PID 控制算法流程图

开始
数据初始化
采集系统输出
计算系统偏差 e(k)
|e(k)|<=e0?
Y
N
Δu(k)=0
KP=kp × [e(k)–e(k–1)]
KI=ki × e(k)
KD=kd × [e(k)–2e(k–1)+e(k–2)]
Δu(k)=KP+KI+KD
u(k)=u(k–1)+Δu(k)
u(k)>=umax?
Y
u(k)=umax
N
u(k)<=umin?
Y
u(k)=umin
N
u(k–1)=u(k)
返回

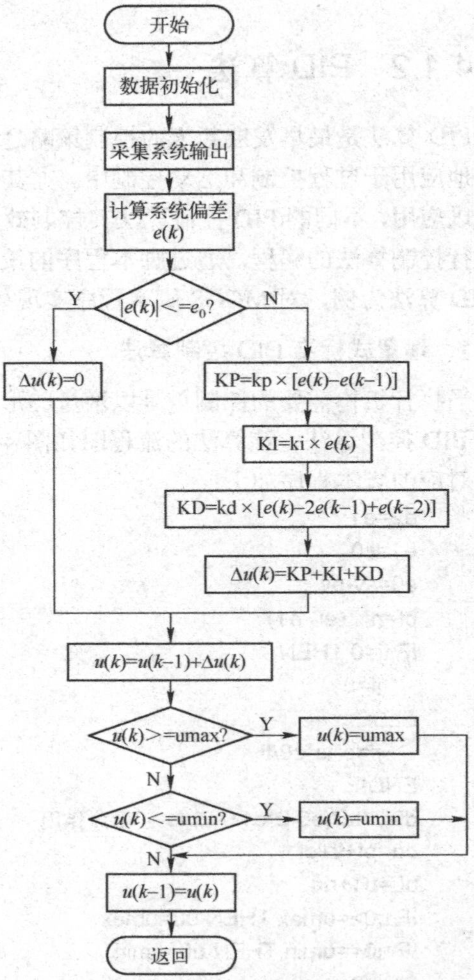

图 4-3　带死区的 PID 控制算法流程图

```
        Endif
        df=p*td*(e0-2*e1+e2)/ts                 '计算微分作用
        du=pf+jf+df                             '增量输出
    ENDIF
    u0=u1+du                                    '位置输出
    IF u0>=umax   THEN u0=umax                  '超出位置最大值，位置=位置最大值
    IF u0<=umin   THEN u0=umin                  '超出位置最小值，位置=位置最小值
    u1=u0                                       '为下次循环准备
```

3．积分分离 PID 控制（IPID）算法

积分分离 PID 算法是人为地设定一个阈值ε，系统偏差$|e(k)|>\varepsilon$时，即系统的偏差较大时，只采用 PD 控制，这样可以避免较大的超调，又使系统有较好的快速性；$|e(k)|\le\varepsilon$时，即系统的偏差较小时，加入积分作用，采用 PID 控制，可保证系统有较高的精度。该算法的流程图如图 4-4 所示。对应的脚本程序如下：

```
    e2=e1                                       '上上次偏差
```

```
        e1=e0                                        '上次偏差
        e0=sv-pv                                      '本次偏差
        pf=p* (e0-e1)                                 '比例作用
        IF ti=0 OR e0>1 OR e0<-1 THEN                 '如果积分时间=0 或偏差太大
           jf=0                                       '无积分作用
        ELSE
           jf=p*ts*e0/ti                              '否则计算积分作用
        ENDIF
        df=p*td*(e0-2*e1+e2)/ts                       '微分作用
        du=pf+jf+td                                   '增量输出
        u0=u1+du                                      '位置输出
        IF u0>=umax    THEN u0=umax                   '超出位置最大值，位置=位置最大值
        IF u0<=umin  THEN u0=umin                     '超出位置最小值，位置=位置最小值
        u1=u0                                         '为下次循环准备
```

4．不完全微分 PID 控制（DPID）算法

不完全微分 PID 控制算法是为了避免误差扰动突变时微分作用的不足。其方法是在 PID 算法中加入一个一阶惯性环节（低通滤波器）$G_f(s) = \dfrac{1}{1+T_f s}$，即构成不完全微分 PID 控制算法，在此基础上进行离散化后可得出其递推公式。该算法的流程图如图 4-5 所示。对应的脚本程序如下：

```
        e2=e1                                         '上上次偏差
        e1=e0                                         '上次偏差
        e0=sv-pv                                      '本次偏差
        pf=p* (e0-e1)                                 '比例作用
        IF ti=0 THEN                                  '如果积分时间=0 无积分作用
           jf=0
        ELSE
           jf=p*ts*e0/ti                              '否则计算积分作用
        ENDIF
        IF td=0 THEN                                  '如果微分时间=0 无微分作用
           df=0
        ELSE
           nd2=nd1
           nd1=nd
           dg=p*td/ts
           ndc=td/(dg*ts+td)
           nd=ndc*nd1+p*(e0-e1)/(ts+td/dg)
           df=p*td*(e0-2*e1+e2)/(ts+td/dg)+p*ndc*(nd1-nd2)   '否则计算微分作用
        ENDIF
        du=pf+jf+df                                   '增量输出
        u0=u1+du                                      '位置输出
        IF u0>=umax    THEN u0=umax                   '超出位置最大值，位置=位置最大值
        IF u0<=umin    THEN u0=umin                   '超出位置最小值，位置=位置最小值
        前次位置=位置                                  '为下一次循环准备
```

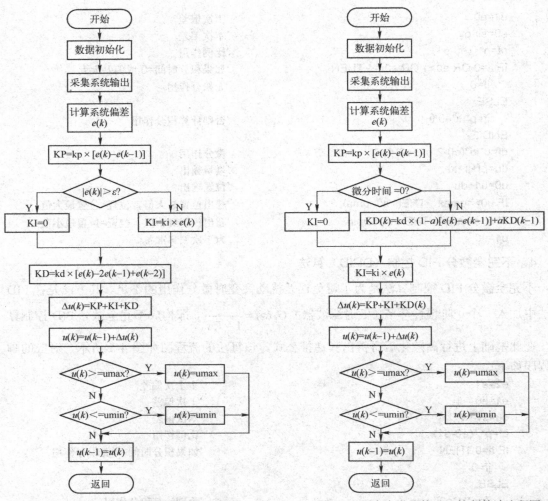

图 4-4　积分分离的 PID 控制算法流程图　　　图 4-5　不完全微分的 PID 控制算法流程图

4.1.3　用脚本语言实现顺序控制

顺序控制是指根据生产企业的实际生产工艺要求，按照时间的顺序，通过预先编制的程序在现场对各种生产设备进行控制。在利用 MCGS 进行系统组态时，脚本程序可以实现顺序控制，也是 MCGS 组态软件最为主要的一种应用。下面通过一个工程实例来说明 MCGS 在实现顺序控制时策略组态的过程和方法。

【例 4-1】

（1）组态要求

一个锅炉控制系统主窗口如图 4-6 所示，锅炉内的液位、温度、压力需要进行控制。

顺序控制规则为：

⊙ 当温度小于 65℃时，开大供气阀门 100%加热，当温度大于 75℃时，关小供气阀门至5%。

⊙ 当温度小于 60℃大于 80℃时，运行状态为"报警"。

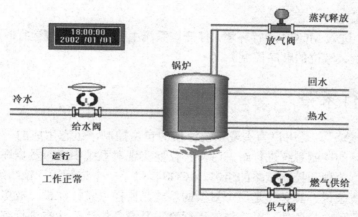

图 4-6 锅炉控制系统主窗口

- 压力大于 0.11MPa 时，打开放气阀门，压力小于 0.11MPa 时，关闭放气阀门。
- 压力大于 0.12MPa 时，运行状态显示为"报警"。
- 液位小于 0.8m 时，开大给水阀门至 100%，液位大于 1.0m 时，关小给水阀门至 5%。
- 液位小于 0.5m 或大于 1.2m 时运行状态为"报警"。
- 温度大于 60℃ 小于 80℃，压力小于 0.12MPa，液位大于 0.5m 小于 1.2m 时，运行状态为"正常"。

（2）组态方法

在该工程的循环策略中利用脚本程序实现控制策略。脚本程序如下：

```
IF  温度< 65   THEN  供气阀=100
IF  温度> 75   THEN  供气阀=5
IF  温度< 60   THEN  运行状态="报警"
IF  温度> 80   THEN  运行状态="报警"
IF  压力> 0.11  THEN  放气阀=1
IF  压力< 0.11  THEN  放气阀=0
IF  压力> 0.12  THEN  运行状态="报警"
IF  液位< 0.8   THEN  给水阀=100
IF  液位> 1.0   THEN  给水阀=5
IF  液位< 0.5   THEN  运行状态="报警"
IF  液位> 1.2   THEN  运行状态="报警"
IF  温度> 60 AND  温度< 80 AND  压力< 0.12 AND 液位< 1.2 AND 液位> 0.5
THEN  运行状态="正常"
```

系统主要数据对象及说明如表 4.1 所示。

表 4.1 例 4-1 系统主要数据对象及说明

数据对象名称	功 能 说 明
供气阀	数值型变量，变化范围：0～100
放气阀	开关型变量，0 为打开，1 为关闭
给水阀	数值型变量，变化范围：0～100
放水阀	开关型变量，0 为打开，1 为关闭，系统扰动
运行状态	字符型变量，初始值为"正常"

（3）运行效果

组态完成后，进入 MCGS 运行环境，打开该系统主窗口后在系统运行时即可实现题目所要求的压力、流量、液位的顺序控制。

4.2 运行策略

所谓"运行策略"，是用户为实现系统流程的自由控制，组态生成的一系列功能块的总称。在对一个实际的控制系统进行组态时，不仅要实现对系统中实时数据库和设备的组态，还要实现系统运行流程和控制策略的组态。MCGS 提供了一个进行运行策略组态的功能模块。对实际的控制系统来说，其必然是一个复杂的系统，监控系统往往设计成多分支、多层循环嵌套式结构，按照预定的条件，对系统的运行流程及设备的运行状态进行有针对性选择和精确的控制。

在利用 MCGS 进行控制系统的组态过程中，要根据系统的具体控制要求完成其策略的组态。在考虑一个工程中相关的控制策略时，尤其对于特别复杂的应用工程，只需定制若干能完成特定功能的构件，将其增加到 MCGS 系统中，就可使已有的监控系统增加各种灵活的控制功能，而无须对整个系统进行修改。

4.2.1 运行策略的分类与建立

在 MCGS 中，策略类型共有 7 种，即启动策略、退出策略、循环策略、用户策略、报警策略、事件策略、热键策略。在 MCGS 的工作台上，进入运行策略组态窗口后，单击"新建策略"按钮，将出现如图 4-7 所示的提示窗口，从中选择需要建立的策略类型后，单击"确定"按钮，即可建立需要的运行策略。其中，"启动策略"和"退出策略"用户在建立工程时会自动产生，用户可根据需要对其进行组态，而不能通过新建策略来建立。

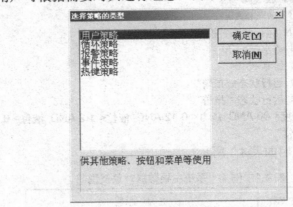

图 4-7　新建策略的策略类型

"启动策略"主要用来实现系统的初始化，"退出策略"完成系统在退出时的善后处理工作，"循环策略"主要完成系统的流程控制和控制算法，"用户策略"用来完成用户自定义的各种功能或任务，"报警策略"实现数据的报警存盘，"事件策略"实现事件的响应，"热键策略"实现热键的响应。

完成新建策略后即可进行运行策略的组态，其组态的基本方法是：在 MCGS 工作台的运行策略组态窗口中，双击选中的策略，或选中策略后单击"策略组态"按钮，进入策略组态窗口，如图 4-8 所示。

图 4-8　运行策略组态窗口

在策略组态窗口通过单击鼠标右键新增一个策略行，每个策略行中都有一个条件部分，构成"条件—功能"结构，每种策略可由多个策略行构成，是运行策略用来控制运行流程的主要部件，如图 4-9 所示。可以根据具体的运行策略的运行条件设定该表达式条件的属性。

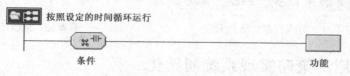

图 4-9　策略行"条件—功能"结构

以较常用的策略构件"脚本程序"构件为例：单击"策略工具箱"中的"脚本程序"，把鼠标移出"策略工具箱"，会出现一个小手，把小手放在功能部分图标 ▢ 上，单击鼠标左键，则显示如图 4-10 所示的策略行。双击 ▨ 图标，即可进入脚本程序编辑环境进行关于系统流程和控制算法的编程。

图 4-10　插入"脚本程序"构件的策略行

设置策略行的运行条件可以双击策略行上的 ▨ 图标，进入条件属性设置窗口，如图 4-11 所示，可以根据具体的运行条件设定表达式及其条件属性。

在进行控制系统的策略组态时，用户可以根据需要把灵活的控制和计算任务或控制算法通过脚本程序来实现。MCGS 的脚本程序是组态软件中的一种内置编程语言引擎，在组态时可以把脚本程序作为一个策略构件加入到一个策略行中去。

一个实际系统有三个固定的运行策略，即"启动策略"、"循环策略"和"退出策略"。系统允许用户创建或定义最多 512 个用户策略。启动策略在应用系统开始运行时调用，退出策略在应用系统退出运行时调用，循环策略由系统在运行过程中定时循环调用，用户策略供系统中的其他部件调用。

每个运行策略都包括若干策略行，用以实现该策略的控制流程和相应的功能，每个策略行都可以添加不同的策略构件。MCGS 共提供了 17 种策略构件：退出策略、音响输出、策略调用、数据对象、设备操作、脚本程序、定时器、计数器、窗口操作、Excel 报表输出、配方操作处理、存盘数据浏览、存盘数据提取、存盘数据拷贝、报警信息浏览、设置时间范围、修改数据库。这些策略构件的调用方法与脚本程序构件相同，MCGS 策略工具箱如图 4-12 所示。这些策略构件连同策略组态的结合使用，使系统组态具有很高的灵活性，可以实现复杂的控制策略。每个策略构件的功能由于篇幅的原因在此不一一介绍了，读者可以参见 MCGS 的帮助文件，对其中的一些常见构件的用法将会在下面的章节中有所介绍。

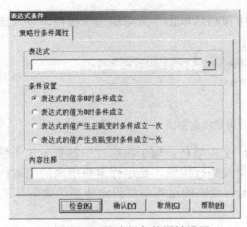

图 4-11　策略行条件属性设置　　　　　　　图 4-12　MCGS 策略工具箱

4.2.2　用启动策略实现系统初始化

启动策略一般完成系统初始化功能，只在 MCGS 运行开始时自动调用执行一次。

启动策略的属性设置的对话框如图 4-13 所示。由于系统的启动策略只能有一个，所以策略名称是不能更改的，可以在"策略内容注释"栏中添加策略内容的相关注释，如该启动策略所要完成的任务。

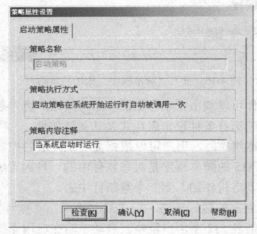

图 4-13　启动策略的属性设置

下面通过一个工程实例来说明利用启动策略实现系统初始化的方法。

【例 4-2】

（1）组态要求

某系统在进入 MCGS 运行环境时，在初始状态把 4 台老化台工作方式设置为手动、停止状态。

（2）组态方法

通过启动策略来实现。启动策略组态的方法是：在 MCGS 工作台上单击"运行策略"窗口，在运行策略列表中选择启动策略后双击，弹出启动策略组态窗口，从中添加一条策略行，对应的策略构件为"脚本程序"，如图 4-14 所示。

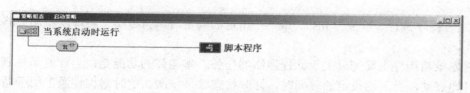

图 4-14　启动策略组态窗口

双击脚本程序策略构件，进入脚本程序编辑窗口，输入如下程序指令：

No1_自动_手动=0　　　　　　'为 "1" 时为自动状态，为 "0" 时为手动状态
No2_自动_手动=0
No3_自动_手动=0
No4_自动_手动=0
No1_手动运行=0　　　　　　'为 "1" 时为运行状态，为 "0" 时为停止状态
No2_手动运行=0
No3_手动运行=0
No4_手动运行=0

No1_自动_手动～No4_自动_手动四个变量为开关型数据变量，其值为 "1" 时为自动状态，为 "0" 时为手动状态。No1_手动运行～No4_手动运行四个变量也为开关型数据变量，其值为 "1" 时为运行状态，为 "0" 时为停止状态。如前所述，可以双击策略行的 图标来设置启动策略脚本程序的运行条件，在本例中不需进行设置。

（3）运行结果

组态完成后，在启动时系统会自动运行该策略的脚本程序，使 4 台老化台的工作方式设置为 "手动"、"停止" 状态。

4.2.3　用循环策略中实现设备的定时运行

在 MCGS 运行过程中，循环策略由系统按照设定的循环周期自动循环调用，循环体内所需执行的操作和任务由用户设置。

循环策略为系统固有策略。在一个应用系统中，用户可以定义多个循环策略，一个系统中至少应该有一个循环策略。循环策略的属性设置对话框如图 4-15 所示。

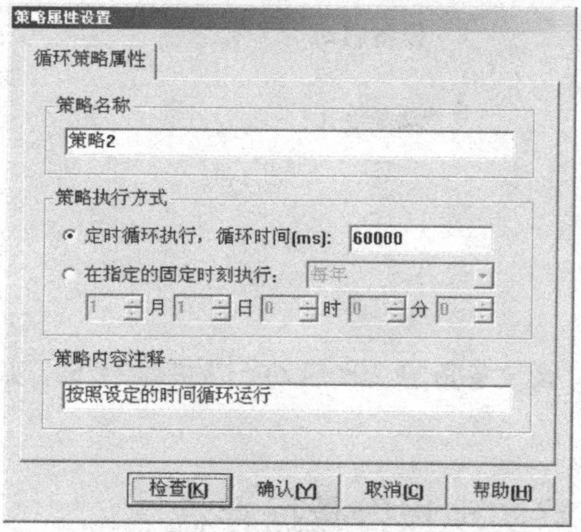

图 4-15　循环策略的属性设置

在该对话框中可以更改循环策略的名称，可以更改策略执行方式（策略的执行方式分为

两种："定时循环执行（单位为 ms）"或"在指定的固定时刻执行"），还可以添加策略内容的相关注释。

定时器策略构件主要完成关于流程控制的任务。本构件的功能是：当计时条件满足时，定时器开始启动，当到达设定的时间时，计时状态满足一次。定时器构件通常用于循环策略块的策略行中，作为循环执行功能构件的定时启动条件。定时器构件一般应用于需要进行时间控制的功能部件。

下面通过一个工程实例来说明在循环策略中实现时间控制的方法。

【例 4-3】

（1）组态要求

在某系统中，每隔 20s 使某设备定时运行 5s。

（2）组态方法

利用一个循环策略来实现。循环策略的添加方法是：在 MCGS 工作台上单击"运行策略"窗口，在运行策略列表中选择"循环策略"，在如图 4-15 所示的循环策略组态窗口中设置循环的时间和策略的名称，本例添加的循环策略名称是"设备启动"。"设备启动"策略的循环时间为 1000ms（即 1s）。双击"设备启动"策略，该策略中只包含一条策略行，如图 4-16 所示，该策略行对应的策略构件是脚本程序。

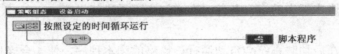

图 4-16　例 4-3 的循环策略组态窗口

本例中涉及的数据对象如表 4.2 所示。

表 4.2　例 4-3 数据对象及说明

C1	定时器当前值，数值型变量
A	开关型变量，设备启动控制，=1 启动，=0 停止

在"设备启动"循环策略中的脚本程序及注释如下：

```
IF C1<5  THEN
    A=1                    '设备启动
ELSE
    A=0                    '设备停止
ENDIF
C1=C1+1
IF  C1>19  THEN
    C1=0
```

（3）运行结果

在 MCGS 运行环境下，该设备每隔 20s 启动一次并运行 5s，实现了该设备的启动、停止、运行的设计要求。

4.2.4　用报警策略实现报警数据存盘

当对应的数据对象的某种报警状态产生时，报警策略被系统自动调用一次。

报警策略的属性设置对话框如图 4-17 所示，从中可以更改报警策略的名称，可以建立与实时数据库数据对象的连接，还可以选择对应的报警状态。对应的报警状态有 3 种："报警产生时执行一次"、"报警结束时执行一次"、"报警应答时执行一次"。还可在"策略内容注释"栏中添加该报警策略的相关注释。

【例 4-4】

（1）组态要求

在某系统中设置一个报警策略，其功能是执行一次窗口操作（打开 1#设备报警窗口）。

（2）组态方法

进入运行策略属性设置的对话框后，单击"新建策略"按钮，选择新建策略的类型为"报警策略"，即在运行策略列表中出现该策略，然后单击"运行策略"窗口中的"策略属性"按钮，即弹出该策略的属性设置窗口（如图 4-18 所示），更改其属性。其策略名称为"1#设备报警处理"，对应的数据对象为"No_1 设备电源 15V"（创建时应具有报警属性），对应的报警状态选择"报警产生时执行一次"，延时时间为"100ms"，策略注释为"当确定的报警发生时运行"。

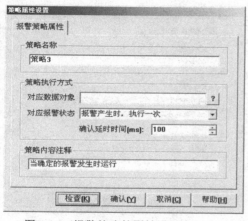

图 4-17　报警策略的属性设置窗口

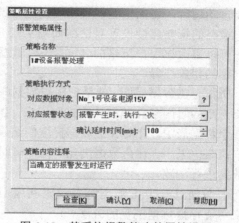

图 4-18　某系统报警策略的属性设置

属性设置完毕后，在运行策略组态窗口的列表中双击该策略，弹出该策略组态窗口，在组态窗口中添加一条策略行，该策略行的策略构件为"窗口操作"，如图 4-19 所示。

图 4-19　该系统 1#设备报警策略组态窗口

双击"窗口操作"策略构件，设置该构件的操作类型，在"打开窗口"下拉菜单中选择"1#设备报警"窗口，如图 4-20 所示。即当 1#设备 15V 电源对应的数据"No_1 号设备电源"满足报警条件时，报警策略被调用一次，执行的操作是打开名称为"1#设备报警"窗口。

（3）运行结果

在 MCGS 运行环境下，当 1#设备的电源超过上限（15.2V）或低于下限（−15.2V）时，运行窗口中会显示 1#设备的报警窗口，如图 4-21 所示。

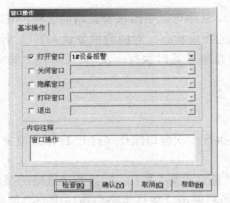

图 4-20　某系统报警策略的窗口操作构件设置　　　　图 4-21　报警策略的运行结果

4.2.5　用用户策略实现存盘数据浏览

用户策略主要是用来完成各种不同的任务，在一个工程中可以定义多个。用户策略系统不能自动运行，要由指定的策略对象进行调用。用户策略的策略属性设置对话框如图 4-22 所示，从中可以更改该用户策略的名称，还可以添加策略内容的相关注释。

所谓存盘数据提取，就是把历史数据库数据按照一定的时间条件和统计方式取出来，存到另外一个数据表中。针对存盘数据提取的结果，在用户策略中采用"存盘数据浏览"构件可对提取的数据进行浏览。

下面通过一个工程实例来说明利用用户策略来实现存盘数据浏览的方法。

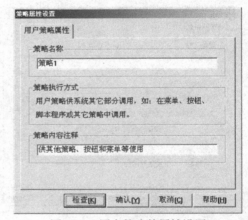

图 4-22　用户策略的属性设置

【例 4-5】

（1）组态要求

某锅炉控制系统中含有 5 台锅炉，利用用户策略实现对锅炉压力组对象的存盘数据浏览。

（2）组态方法

在 MCGS 组态环境下，进行存盘数据浏览之前，要预先建立一个用户策略"提取锅炉压力组对象存盘数据"，用来以一定的条件提取存盘数据（如以时间的方式进行提取）。设定数据提取后，存储在 MCGS 的存盘数据库中指定的数据表中。具体方法是：在"运行策略"中新建一个名为"提取锅炉压力组对象存盘数据"的用户策略，在该策略的组态窗口添加一个策略行，对应的构件为"存盘数据提取"构件，如图 4-23 所示。

图 4-23　锅炉控制系统"存盘数据提取"用户策略组态窗口

双击该策略构件 图标，进入其属性设置窗口，属性设置如图 4-24 所示。

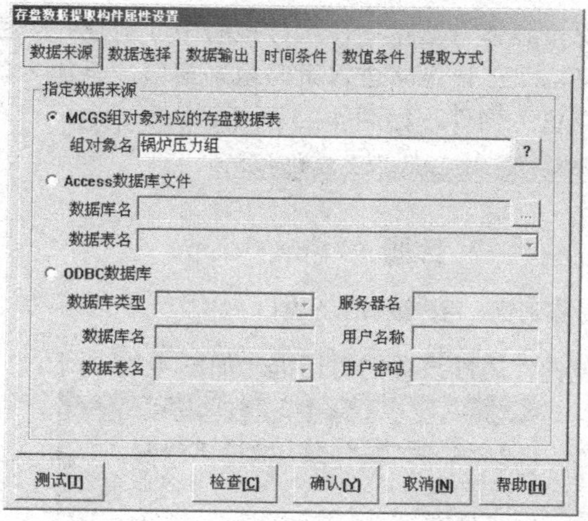

图 4-24 "存盘数据提取"构件的属性设置

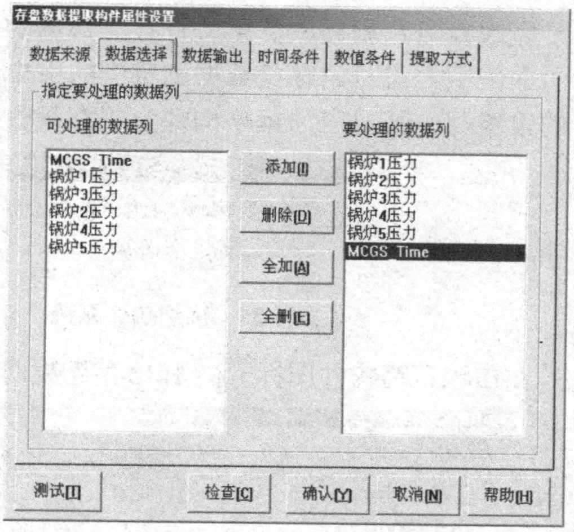

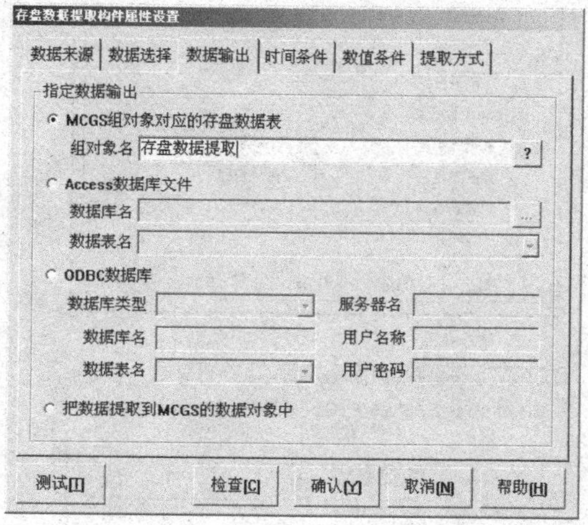

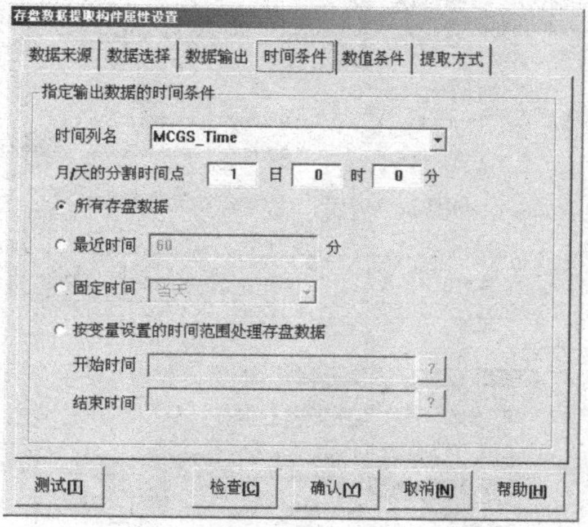

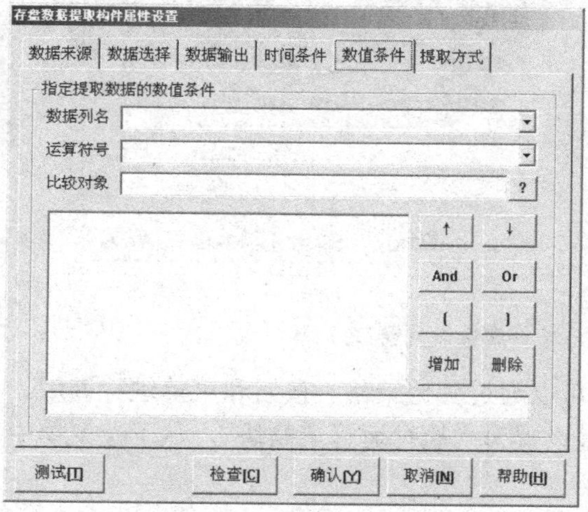

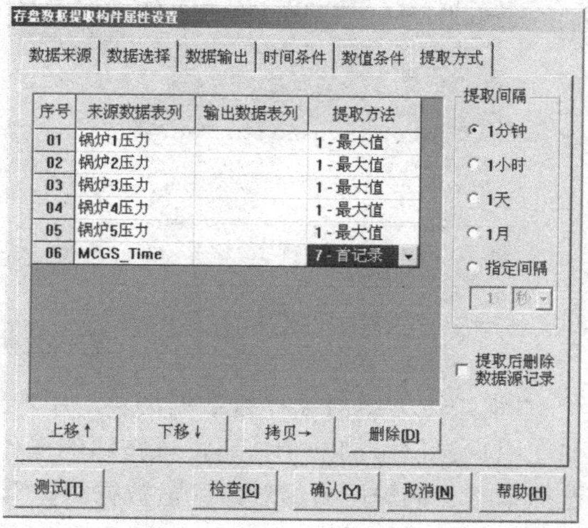

完成存盘数据提取后可进行存盘数据的浏览，具体方法是：在运行策略中，新建一个名为"锅炉压力组对象存盘数据浏览"的用户策略，双击该策略进入策略组态窗口，添加一条新的策略行，其对应的策略构件为"存盘数据浏览"构件，如图 4-25 所示。

图 4-25 锅炉热力系统"存盘数据浏览"用户策略组态窗口

双击该策略构件图标 ，弹出存盘数据浏览构件属性设置的对话框，如图 4-26 所示。

（a）

（b）

（c）

（d）

图 4-26 "存盘数据浏览"构件属性设置窗口

"锅炉压力组对象存盘数据浏览"用户策略可以通过其他策略、按钮和菜单进行调用。如在用户窗口添加一个按钮，该按钮的操作属性设置为"执行运行策略块"，从下拉菜单中选择策略"锅炉压力组对象存盘数据浏览"。

（3）运行结果

在 MCGS 运行环境下，单击用户窗口中的按钮，则显示锅炉压力组对象的存盘数据，如图 4-27 所示。

序号	时间	锅炉1压力 Mpa	锅炉3压力 Mpa	锅炉2压力 Mpa	锅炉4压力 Mpa	锅炉5压力 Mpa
1	22:54:22	50.148400	50.148400	50.148400	50	50.148400
2	22:54:32	30.840900	30.840900	30.840900	31	30.840900
3	08:42:13	268.511000	268.511000	268.511000	269	268.511000
4	08:42:23	226.252000	226.252000	226.252000	226	226.252000
5	08:42:33	480.495000	480.495000	480.495000	480	480.495000
6	08:42:43	431.384000	431.384000	431.384000	431	431.384000
7	08:42:53	383.247000	383.247000	383.247000	383	383.247000
8	08:43:03	336.230000	336.230000	336.230000	336	336.230000
9	08:43:13	290.500000	290.500000	290.500000	291	290.500000
10	08:43:23	247.078000	247.078000	247.078000	247	247.078000
11	08:43:33	505.026000	505.026000	505.026000	505	505.026000
12	08:43:43	455.729000	455.729000	455.729000	456	455.729000
13	08:43:53	407.204000	407.204000	407.204000	407	407.204000
14	08:44:03	359.570000	359.570000	359.570000	360	359.570000
15	08:44:13	313.283000	313.283000	313.283000	313	313.283000
16	08:44:23	268.511000	268.511000	268.511000	269	268.511000
17	08:44:33	226.252000	226.252000	226.252000	226	226.252000
18	08:44:43	480.495000	480.495000	480.495000	480	480.495000

图 4-27　例 4-5 锅炉压力组对象存盘数据

4.2.6　用退出策略实现数据对象初始值的设定

退出策略一般完成系统善后处理功能，只在 MCGS 退出运行前由系统自动调用执行一次。

退出策略的策略属性设置窗口如图 4-28 所示。由于系统的退出策略只能有一个，所以策略名称也是不能更改的，可以从中添加策略内容的相关注释。退出策略可以实现系统运行时相关数据的保存，以此作为下一次运行此系统时数据对象的初始值。

下面通过一个工程实例来说明退出策略实现数据对象的初始值设定的方法。

【例 4-6】

（1）组态要求

在某锅炉热力系统中利用退出策略实现系统运行数据的存储，以此作为下一次系统运行时该数据对象的初始值。存储的数据包括：5 台锅炉蒸汽流量日累计值、5 台锅炉蒸汽流量月累计值、5 台锅炉蒸汽流量年累计值、总的蒸汽流量日累计值、总的蒸汽流量日累计值。

（2）组态方法

在 MCGS 工作台，进入运行策略组态窗口后，在策略列表中选中"退出策略"，双击该策略，弹出其组态窗口，更改其属性如图 4-29 所示。

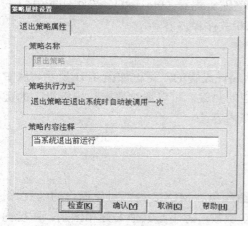

图 4-28　退出策略的属性设置窗口

图 4-29　锅炉热力系统退出策略的组态窗口

在该窗口中添加一条策略行，对应的策略构件是脚本程序，在脚本程序编辑环境中输入如下语句：

```
!SaveSingleDataInit(蒸汽流量日累计)
!SaveSingleDataInit(蒸汽流量年累计)
!SaveSingleDataInit(锅炉1蒸汽流量日累计)
!SaveSingleDataInit(锅炉2蒸汽流量日累计)
!SaveSingleDataInit(锅炉3蒸汽流量日累计)
!SaveSingleDataInit(锅炉4蒸汽流量日累计)
!SaveSingleDataInit(锅炉5蒸汽流量日累计)
!SaveSingleDataInit(锅炉1蒸汽流量月累计)
!SaveSingleDataInit(锅炉2蒸汽流量月累计)
!SaveSingleDataInit(锅炉3蒸汽流量月累计)
!SaveSingleDataInit(锅炉4蒸汽流量月累计)
!SaveSingleDataInit(锅炉5蒸汽流量月累计)
!SaveSingleDataInit(锅炉1蒸汽流量年累计)
!SaveSingleDataInit(锅炉2蒸汽流量年累计)
!SaveSingleDataInit(锅炉3蒸汽流量年累计)
!SaveSingleDataInit(锅炉4蒸汽流量年累计)
!SaveSingleDataInit(锅炉5蒸汽流量年累计)
```

（3）运行结果

该段脚本程序中应用了一个数据对象操作函数!SaveSingleDataInit(Name)，该函数的功能是把数据对象 Name 的当前值设置为初始值，这样就完成了对这几个数据对象数据的保存，并把此次运行的结果作为系统下次运行的初始值。

4.2.7　其他策略简介

1．事件策略

当对应表达式的某种事件状态产生时，事件策略被系统自动调用一次。

事件策略的属性设置的对话框如图 4-30 所示，从中可以更改事件策略的名称，可以建立策略执行时对应的表达式，还可以选择事件的内容。对应的事件内容有 4 种：表达式的值正跳变（0to1）、表达式的值负跳变（1to0）、表达式的值正负跳变（0to1to0）、表达式的值负正跳变（1to0to1）。还可在"策略内容注释"栏中添加相关注释内容。

2．热键策略

用户按下对应的热键时，执行一次热键策略，其属性设置的对话框如图 4-31 所示，从中可以更改热键策略的名称，可以建立策略执行时对应的热键，可以通过直接按压键盘上的键来添加，还可在"策略内容注释"栏中添加相关注释内容。

4.3　内部函数简介

MCGS 组态软件为用户提供了一些常用的数学函数和对 MCGS 内部对象操作的函数。组态时，可在表达式中或用户脚本程序中直接使用这些函数。为了与其他名称相区别，系统内部函数的名称一律以"！"符号开头。MCGS 共提供了 11 种系统函数：运行环境操作函数、

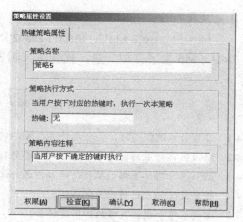

图 4-30　事件策略的属性设置　　　　　图 4-31　热键策略的属性设置

数据对象操作函数、用户登录操作函数、字符串操作函数、定时器操作函数、系统操作函数、数学函数、文件操作函数、ODBC 数据库函数、配方操作函数和时间函数。每种函数又包括不同功能的多个函数，各函数的详细使用方法和功能可以参阅本书的附录 A。下面通过例子来说明几个常用的内部函数的基本用法。

1．运行环境操作函数使用举例

【例 4-7】

要求在某系统中用脚本程序实现用户窗口"窗口 1"的打开和关闭。

```
IF flag<10   THEN
    !setwindow(窗口 1,1)          '如果 flag 值小于 10，则打开窗口 1 并使其可见
ELSE
    !setwindow(窗口 1,3)          '如果 flag 值大于等于 10，则关闭窗口 1
ENDIF
```

2．定时器操作函数的使用举例

【例 4-8】

要求在某系统用户策略中利用脚本程序实现一个 60s 的定时器，启动定时器并把其当前值赋给数值型变量 T1，脚本程序如下：

```
!TimerSetLImit(1,60,1)          '设置定时器 1 的上限值为 60s，到 60s 后停止运行
!TimerRun(1)                    '启动定时器 1
T1=!TimerValue (1,0)           '取定时器 1 的当前值给 T1
```

3．数学函数的使用举例

【例 4-9】

要求在某系统中利用脚本程序根据系统的阻尼比计算系统的最大超调量，超调量的计算公式为

$$M_p\% = e^{\frac{-\varsigma\pi}{\sqrt{1-\varsigma^2}}} \times 100\%$$

超调量用百分比形式来表示。

脚本程序如下：

```
Mp=!Str(!exp(0-zita*3.14/!sqr(1-zita^2))*100)+"%"
```

其中，Mp 为字符型变量，代表最大超调量；zita 为数值型变量，代表阻尼比。

习 题 4

4-1 在进行系统组态时，共有几种进入 MCGS 脚本程序编辑环境的方法？

4-2 MCGS 运行策略组态中都包括哪些类型的策略？这些策略在使用上各有何不同？

4-3 MCGS 中循环策略的执行时间如何进行设置？

4-4 报警策略的主要功能是什么？

4-5 启动策略和退出策略的作用是什么？

4-6 试在 MCGS 组态环境下，对一个工程进行循环策略组态。具体的内容是：新建一个策略行，指定策略构件为窗口操作，窗口操作的内容是关闭"窗口 1"，该策略行执行的条件是 JD=1。

4-7 试在 MCGS 组态环境下，对一个工程进行运行策略组态。具体的内容是：新建一个用户策略，策略名称为"设备报警"，该策略的功能是执行一次存盘数据浏览，浏览的数据对象为组对象"压力"，利用循环策略调用该策略。

4-8 某个系统中共有 1 个水箱和 2 台水泵，要求在水箱的液位到达指定高度时启动第一台水泵，当液位下降到指定高度时第一台水泵停止运行同时启动第二台水泵。利用循环策略实现，并写出相关的脚本程序。

4-9 某个系统中含有一个加热器，其加热的条件是 $T=1$，加热装置继电器的开关为 KM1（1 为开，0 为关），加热的时间是 5 min，利用定时器策略构件在 MCGS 中加以实现。

第5章 设备窗口组态

设备窗口是 MCGS 系统的重要组成部分，负责建立系统与外部硬件设备的连接。在系统运行过程中，设备构件由设备窗口统一调度管理，通过通道连接，向实时数据库提供从外部设备采集到的数据，再由实时数据库将控制命令输出到外部设备，以便进行控制运算和流程调度，实现对设备工作状态的实时检测和对工业过程的自动控制。

在单机版 MCGS 中，一个用户工程只允许有一个设备窗口。在系统运行过程中，设备窗口是不可见的，它在后台独立运行，负责管理和调度设备驱动构件的运行。

5.1 设备构件的添加及属性设置

MCGS 对设备的管理采用开放式结构，在实际应用中，可以很方便地定制并增加所需的设备构件，不断充实设备工具箱。MCGS 提供了与国内外常用的工控产品相对应的设备驱动，并且为了使用户在众多设备驱动程序中方便快速地找到所需要的设备驱动程序，这些设备驱动都是按合理的分类方法进行排列的，如图 5-1 所示。同时，MCGS 还具备一个接口标准，以方便用户用 Visual Basic 或 Visual C++编程工具自行编制所需的设备构件，并将其装入 MCGS 的设备工具箱内。另外，MCGS 还提供了一个高级开发向导，为用户提供自动生成设备驱动程序的框架。

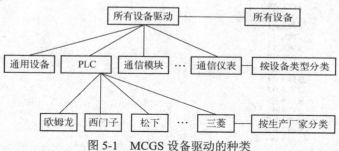

图 5-1 MCGS 设备驱动的种类

进行设备窗口的组态工作时，首先要添加所用设备的驱动程序到设备工具箱，然后将该设备放置到 MCGS 的"设备窗口"中。在窗口内设置该设备的"基本属性"，并完成"通道连接"、"设备调试"和"数据处理"的工作。

下面举例说明在 MCGS 设备窗口中添加设备的方法。

【例 5-1】将中泰 PC-6310 采集板卡添加到设备窗口。

采集板卡是指可以直接插在计算机总线槽上的外部设备。中泰 PC-6310 采集板适用于 PCI 总线，将 PC-6310 插在 PCI 插槽后，再添加其驱动程序。

在 MCGS 的"工作台"上单击"设备窗口"，进入如图 5-2 所示页面。

双击图 5-2 中的"设备窗口"图标，或单击"设备组态"按钮，进入设备组态窗口，如图 5-3 所示。

图 5-2　MCGS 设备窗口

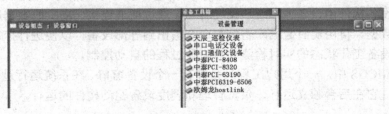

图 5-3　MCGS 设备组态窗口

单击图 5-3 中的"设备管理"按钮，进入"设备管理"窗口，如图 5-4 所示。设备管理工具的主要功能是方便用户在上百种设备驱动程序中快速找到适合自己的设备驱动程序，并完成所选设备在 Windows 中的登记和删除登记工作等。

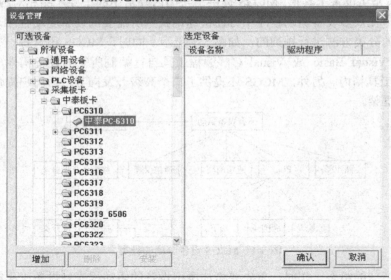

图 5-4　MCGS 设备管理窗口

选中图 5-4 中"可选设备"一栏"采集板卡"中的"☜中泰 PC-6310"，单击"增加"按钮，或双击图 5-4 中"可选设备"一栏中的"☜中泰 PC-6310"图标，将"中泰 PC-6310"采集板卡添加到图 5-4 中的"选定设备"栏内，如图 5-5 所示。

单击图 5-5 中的"确认"按钮，即可将"中泰 PC-6310"采集板卡添加到"设备工具箱"中，如图 5-6 所示。

双击图 5-7 中"设备工具箱"里的"中泰 PC-6310"图标，即可将"中泰 PC-6310"采集板卡添加到"设备组态"窗口中，如图 5-7 所示。

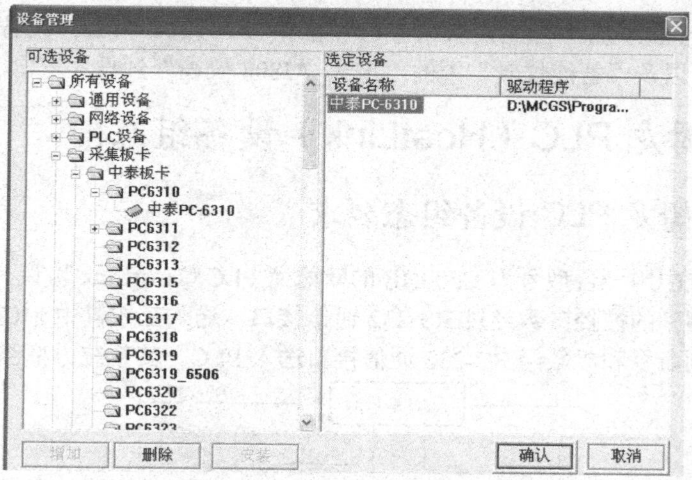

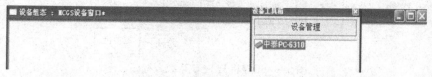

图 5-5 "中泰 PC-6310"采集板卡的添加效果

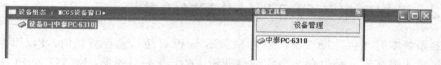

图 5-6 将"中泰 PC-6310"采集板卡添加到"设备工具箱"

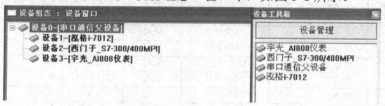

图 5-7 将"中泰 PC-6310"采集板卡放置到设备窗口

【例 5-2】将泓格 i-7012、西门子_S7-300/400MPI 及宇光_AI808 仪表添加到设备窗口。

计算机串行口是计算机和其他设备通信时最常用的一种通信接口,一个串行口可以挂接多个通信设备。为适应计算机串行口的这种操作方式,MCGS 组态软件采用在"串口通信父设备"下挂接多个通信子设备的通信设备处理机制,各子设备继承一些父设备的公有属性,同时又具有自己的私有属性。在实际操作时,MCGS 提供一个"串口通信父设备"构件和多个通信子设备构件,"串口通信父设备"构件完成对串口的基本操作和参数设置,通信子设备构件则为串行口实际挂接设备的驱动程序。本例中的泓格 i-7012、西门子_S7-300/400MPI 及宇光_AI808 仪表等三种设备均为串口设备,因此应采用串口通信父设备/子设备的方式将它们添加到设备窗口中。

在"设备管理"窗口的"所有设备\通用设备"中,找到"🐟串口通信父设备"图标并双击,用例 5-1 的方法将其添加到"设备组态"窗口中,如图 5-8 所示。

图 5-8 设备窗口添加结果

用例 5-1 的方法添加"智能模块"中的"泓格 i-7012"、"PLC 设备"中的"西门子_S7-300/400MPI"以及"智能仪表"中的"宇光_AI808 仪表"到设备窗口，见图 5-8。

5.2 欧姆龙 PLC（HostLink）设备组态

5.2.1 欧姆龙 PLC 设备组态要求

在某控制系统中用一台型号为 C200HE 的欧姆龙 PLC（HostLink 协议）作为输入/输出设备，把从现场检测到的被控参数经过 RS-232 通信接口，送入工控机中 MCGS 的实时数据库中，工控机将控制命令和参数经 RS-232 通信接口送入 PLC。其系统方框图如图 5-9 所示。

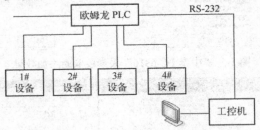

图 5-9　工控机与 PLC 系统方框图

5.2.2 数据变量及 PLC 地址分配对照表

在控制系统中有 4 台现场设备，因此 MCGS 与 PLC 进行数据通信时，PLC 向 MCGS 传送的数据包括 4 组变量，每组含 8 个数值型变量、6 个开关型变量，MCGS 向 PLC 传送的数据包括 4 组变量，每组含 16 个数值型变量、6 个开关型变量。

以 1#设备为例，各类型变量的名称、变量类型、特性说明及欧姆龙 PLC（HostLink 协议）地址分配如表 5.1 所示。

表 5.1　老化台系统中数据变量及 PLC 地址分配对照表

变量名称	变量类型	初值	PLC 数据区地址	R/W 类型	备　注
No1_28V	数值型	0	DMWD11	只读	1#设备 28.5v 电源
No1_P15V	数值型	0	DMWD12	只读	1#设备+15V
No1_N15V	数值型	0	DMWD13	只读	1#设备−15V
No1_P6V	数值型	0	DMWD14	只读	1#设备+6V
No1_P5V	数值型	0	DMWD15	只读	1#设备+5V
No1_检波	数值型	0	DMWD16	只读	1#设备和路检波
No1_功率	数值型	0	DMWD17	只读	1#设备本振功率
No1_右偏	数值型	0	DMWD18	只读	1#设备起始右偏（V）
AlmL1_28V	数值型	0	DMWB71	只写	1#设备 28.5V 电源下限
AlmL1_P15V	数值型	0	DMWB72	只写	1#设备+15V 下限
AlmL1_N15V	数值型	0	DMWB73	只写	1#设备−15V 下限
AlmL1_P6V	数值型	0	DMWB74	只写	1#设备+6V 下限
AlmL1_P5V	数值型	0	DMWB75	只写	1#设备+5V 下限
AlmL1_检波	数值型	0	DMWB76	只写	1#设备和路检波下限
AlmL1_功率	数值型	0	DMWB77	只写	1#设备本振功率下限
AlmL1_右偏	数值型	0	DMWB78	只写	1#设备起始右偏下限
No1_循环数	数值型	1	DMWB79	只写	1#设备循环次数

变量名称	变量类型	初值	PLC 数据区地址	R/W 类型	备 注
AlmH1_28V	数值型	0	DMWB81	只写	1#设备 28.5V 电源上限
AlmH1_P15V	数值型	0	DMWB82	只写	1#设备+15V 上限
AlmH1_N15V	数值型	0	DMWB83	只写	1#设备−15V 上限
AlmH1_P6V	数值型	0	DMWB84	只写	1#设备+6V 上限
AlmH1_P5V	数值型	0	DMWB85	只写	1#设备+5V 上限
AlmH1_检波	数值型	0	DMWB86	只写	1#设备检波上限
AlmH1_功率	数值型	0	DMWB87	只写	1#设备本振功率上限
AlmH1_右偏	数值型	0	DMWB88	只写	1#设备起始右偏上限
No1_2S 脉冲	开关型	0	IR13.1	只读	1#设备存盘脉冲
No1_报警	开关型	0	IR13.2	只读	1#设备报警灯
No1_28V 转接	开关型	0	IR13.3	只读	1#设备 28.5V 转接显示
No1_解除	开关型	0	IR13.4	只读	1#设备高压闭锁解除
No1_应答	开关型	0	IR13.5	只读	1#设备应答显示
No1_自检	开关型	0	IR13.6	只读	1#设备微机自检显示
No1_自动	开关型	0	IR11.0	只写	1#设备自动/手动（1 自动，0 手动）
No1_选高压	开关型	0	IR11.1	只写	1#设备选择高压老化
No1_选低压	开关型	0	IR11.2	只写	1#设备选择低压老化
No1_消声	开关型	0	IR11.3	只写	设备消声命令
No1_闭锁	开关型	0	IR11.4	只写	1#设备闭锁命令
No1_搜索	开关型	0	IR11.5	只写	1#设备搜索命令

表 5.1 中，"只读"用于把 PLC 中的数据读入到 MCGS 的实时数据库中；"只写"用于把 MCGS 实时数据库中的数据写入到 PLC 中；"DM"区为 16 位通道，其中"DMWD"为二-十进制（BCD 码）形式，"DMWB"为二进制形式。

5.2.3 欧姆龙 PLC（HostLink 协议）设备组态

1. 串口通信父设备与子设备的添加

欧姆龙 PLC（HostLink）设备属于串口通信子设备，因此必须挂接在"串口通信父设备"下。

在"设备管理"窗口的"所有设备\通用设备"中，找到"🖫串口通信父设备"图标并双击，按照 5.1 节介绍的添加方法添加串口通信父设备，然后再用例 5-2 中介绍的方法将欧姆龙 PLC（HostLink）设备添加在"设备组态"窗口中，如图 5-10 所示。

图 5-10　欧姆龙 PLC（HostLink）的添加效果

2. 串口通信父设备的属性设置

双击图 5-10 中的"设备 0"，即出现如图 5-11 的串口通信父设备的基本属性设置窗口。

"设备名称"可根据需要来对设备进行重新命名，但不能和设备窗口中已有的其他设备构件同名。"初始工作状态"用于设置设备的起始工作状态，设置为"启动"，在进入"MCGS 运行环境"时，MCGS 即自动开始对设备进行操作，设置为"停止"时，MCGS 不对设备进

图 5-11　串口通信父设备的基本属性设置

行操作，但可以用 MCGS 的设备操作函数和策略在"MCGS 运行环境"中启动或停止设备。
"最小采集周期"指运行时 MCGS 对设备进行定时操作的时间周期，单位为毫秒，用户可根
据具体情况进行设置。"串口端口号"用于设置上位机使用的串口端口号。"通信波特率"用
于设置通信串口的波特率。"数据位位数"用于设置通信串口的数据位位数，分别为 5、6、7、
8 位。"停止位位数"用于设置通信串口的停止位位数，分别为 1、1.5、2 位；"数据校验方
式"用于设置通信串口的数据校验方式，分别为无、奇、偶。以上波特率、数据位位数、停
止位位数和数据校验方式的设置必须与通信设备实际支持的通信速率一致。当"数据采集方
式"设置为"同步采集"时，该父设备下的所有的子设备以相同的频率采集数据，且各子设
备的采集周期自动设置成父设备的采集周期，当设置为"异步采集"时，该父设备下的各子
设备以各自的频率采集数据，父设备的采集周期不起作用。

　　注意：父设备下的所有子设备的通信参数（波特率、数据位、停止位、校验方式）必须
与父设备完全相同，子设备的采集周期在异步采集时可以不同，可以比父设备的采集周期短。

　　"串口通信父设备"用来设置通信参数和通信端口。本例中，通信参数应与 PLC 的通信
参数一样，否则无法通信。本控制系统中采用 C200HE 欧姆龙 PLC（HostLink 协议）系列产
品，该 PLC 的默认通信参数如下：波特率 9600，2 位停止位，偶校验，7 位数据位。故本"串
口通信父设备"的参数设置也是：波特率 9600，2 位停止位，偶校验，7 位数据位，见图 5-11。

3. 串口通信子设备的属性设置

　　双击图 5-10 中的"设备 1-[欧姆龙 HostLink]"，进入如图 5-12 所示的窗口。子设备属性
的设置包括"基本属性"、"通道连接"、"设备调试"和"数据处理"。下面将分别进行介绍。

　　（1）"基本属性"设置

　　基本属性的设置窗口见图 5-12。

　　"设备名称"可根据需要来对设备进行重新命名，但不能与设备窗口中已有的其他设备
构件同名。在上述控制系统中，欧姆龙 PLC（HostLink 协议）的设备名称为"设备 1"。"初
始工作状态"用于设置设备的起始工作状态，设置为"启动"时，在进入 MCGS 运行环境时，
MCGS 即自动开始对设备进行操作；设置为"停止"时，MCGS 不对设备进行操作，但可以
用 MCGS 的设备操作函数和策略在 MCGS 运行环境中启动或停止设备。在上述控制系统中，

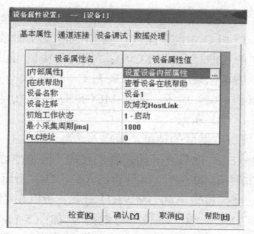

图 5-12 欧姆龙 PLC（HostLink 协议）基本属性设置

欧姆龙 PLC（HostLink 协议）的初始工作状态设置为"1-启动"。"最小采集周期"指运行时 MCGS 对设备进行操作的时间周期，单位为毫秒，一般测量时设为 1000ms，快速测量时设为 200ms。在上述控制系统中，欧姆龙 PLC（HostLink 协议）的最小采集周期为"1000ms"。该采集周期必须小于等于父设备的采集周期。"PLC 地址"：C200HE 的默认地址为 0，故本组态的地址也设置为 0，若 C200HE 的地址改变，则 PLC 地址也应随之改变。要完成后面的"通道连接"属性设置，必须在"基本属性"设置中进行通道属性（内部属性）的设置，主要设置相关设备的通道类型。

在上述控制系统中，欧姆龙 PLC（HostLink 协议）的通道属性（内部属性）的具体设置过程如下：在图 5-12 所示的"基本属性"页中，单击"设置设备内部属性"右边的按钮 ，弹出对应的"欧姆龙 HostLink 通道属性设置"对话框，如图 5-13 所示；对于其他类型的设备，如果没有内部属性，则无对话框弹出；单击图 5-13 中的"增加通道"按钮，弹出"增加通道"窗口，如图 5-14 所示。

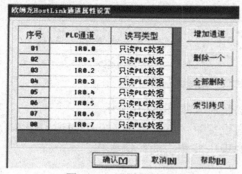

图 5-13 通道属性设置

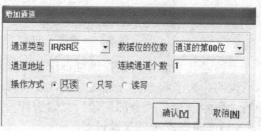

图 5-14 添加设备通道

对于欧姆龙 PLC（HostLink 协议），图 5-14 所示窗口应做如下设置：

选择要对 PLC 中的哪个继电器区或寄存器区进行操作，即选择通道类型。本设备构件可操作 PLC 的 IR/SR（位操作读写），LR，HR、AR、TC、PV（定时计数）和 DM（数据寄存器）。在上述控制系统中，对于开关型数据变量，其"通道类型"根据表 5.1 的要求应选择"IR/SR 区（位操作读写）"，如图 5-15（a）、（b）所示；对于数值型数据变量，其"通道类型"可选择"DM 区（数据寄存器）"，如图 5-15（c）、（d）所示。

欧姆龙 PLC 设备构件把 PLC 的通道分为"只读"、"只写"、"读写"三种情况，默认是"只读"。"只读"通道用于把 PLC 中的数据读入到 MCGS 的实时数据库中；"只写"通道用于把 MCGS 实时数据库中的数据写入到 PLC 中；"读写"则既可以从 PLC 中读数据，也可以向 PLC 中写数据。在上述老化系统中，对于从 PLC 向 MCGS 传送的数据，"操作方式"选择"只读"，如图 5-15（a）、（c）所示；而从 MCGS 向 PLC 传送的数据，"操作方式"选择"只写"，如图 5-15（b）、（d）所示。

指定操作该继电器区或寄存器区的地址，即输入"通道地址"。从表 5.1 可知，开关量输入从 IR13.0 开始，开关量输出从 IR11.0 开始，所以要在"通道地址"中写 13 和 11，在"数据位的位数"中选择"通道的第 00 位"，如图 5-15（a）、（b）所示；另外，表 5.1 中的模拟量输入从 DMWD11 开始、模拟量输出从 DMWB71 开始，所以在"通道地址"中写 11 和 71，并分别选择"16 位 4 位 BCD 码"和"16 位二进制数"，如图 5-15（c）、（d）所示。

设置一次连续增加的 PLC 通道个数。在上述老化台系统中，要求一次连续增加 16 个通道，则在"连续通道个数"中均写 16，如图 5-15 所示。单击"确认"按钮后，则把所添加的寄存器显示到表格中。

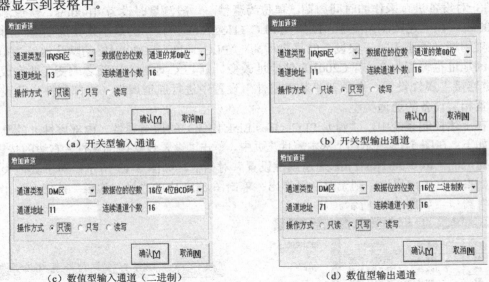

（a）开关型输入通道　　　　　　　　　　　　（b）开关型输出通道

（c）数值型输入通道（二进制）　　　　　　　　（d）数值型输出通道

图 5-15　欧姆龙 PLC（HostLink 协议）通道添加设置

上述老化系统中，根据地址分配结果增加通道的情况，如图 5-16 所示。

说明：为了将来扩充通道方便，在进行添加通道设置时，可以多添加几个通道。图 5-16 中的"删除一个"、"全部删除"、"索引拷贝"可以实现一些相应的快捷操作。

（2）"通道连接"属性设置

所谓通道连接，就是建立数据对象与设备通道之间的对应关系。连接时，连接的设备通道与对应的数据对象的类型必须匹配，否则连接无效。下面说明设备通道连接的方法及步骤。

① 在"基本属性"设置中设置好了欧姆龙 PLC（HostLink 协议）的内部属性后，再单击"通道连接"标签，进入通道连接属性设置窗口，如图 5-17 所示。图中的"通道类型"一列中所显示的内容与图 5-16 中"PLC 通道"一列中的内容完全对应。

（a）数值型输入通道属性设置

（b）数值型输出通道属性设置

（c）开关型输入通道属性设置

（d）开关型输出通道属性设置

图 5-16　欧姆龙 PLC（HostLink 协议）通道（内部）属性设置效果图

② 建立设备通道与数据对象之间的连接。

a. 单个通道与数据对象的连接

将鼠标放在图 5-17（c）中的 22 号通道的"对应数据对象"一栏，单击右键，弹出如图 5-18 所示的页面。

双击图 5-18 中的"No1_解除"，即可将数据变量"No1_解除"与前面已经为它分配好的对应通道 IR13.4 连接起来，如图 5-19 所示。

b. 快速建立设备通道与数据对象之间的连接

如果通道所对应的数据对象之间存在某种内在联系，如在上述控制系统中，从第 66～73 通道"对应数据对象"一栏内分别是"No1_射检 bit0～No1_射检 bit7"，而且这 8 个数据是连续编号的，那么就可以使用"快速连接"的办法，一次建立上述 8 个通道与相应数据对象之间的连接。具体做法如下：

单击图 5-19 中的"快速连接"按钮，弹出"快速连接"对话框，如图 5-20 所示；在"数据对象"中输入"No1_射检 bit0"，在"开始通道"中输入"66"，在"通道个数"中输入"8"；单击"确认"按钮。具体连接效果如图 5-21 所示。

也可以先将 66 号通道的数据对象连接为"No1_射检 bit0"，再单击 7 次"拷贝连接"实现。拷贝连接是将选定通道（已做通道连接）的下一通道与数据对象连接，被连接的数据对象与选定通道连接的数据对象变量名相同，但索引号加一。

（a）数值型输入通道连接设置

（b）数值型输出通道连接设置

（c）开关型输入通道连接设置

（d）开关型输出通道连接设置

图 5-17　欧姆龙 PLC（HostLink 协议）的通道连接设置

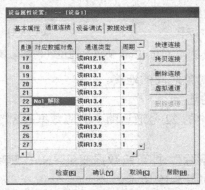

图 5-18　单个数据对象的连接

图 5-19　单个通道的连接效果

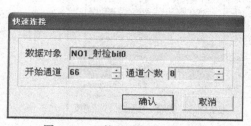

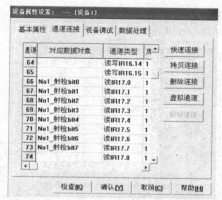

图 5-20　"快速连接"对话框　　　　图 5-21　欧姆龙 PLC（HostLink 协议）的快速通道连接效果

上述控制系统中，已设置好内部属性的各通道与相应的数据对象之间的连接效果如图 5-22 所示。

（a）数值型输入通道连接

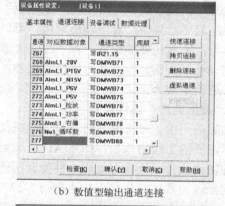

（b）数值型输出通道连接

（c）开关型输入通道连接

（d）开关型输出通道连接

图 5-22　老化系统中欧姆龙 PLC（HostLink 协议）通道连接效果图

（3）"设备调试"属性设置

设备调试的作用主要是检查工控机与 PLC 之间的通信是否正常。在"通道连接"完成，并将欧姆龙 PLC（HostLink 协议）与工控机通过 RS-232 通信接口连接好后，就可以对欧姆龙 PLC（HostLink 协议）进行设备调试了。具体操作如下：单击图 5-22 中的"设备调试"标签，进入"设备调试"窗口，如图 5-23 所示。

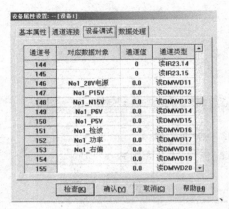

(a) 通信不正常　　　　　　　　　　　　　(b) 通信正常

图 5-23　"设备调试"窗口

在图 5-23 中，若"通信状态标志"对应的通道值为"0"，说明工控机与 PLC 之间通信正常，此时在"设备调试"窗口的"通道值"一列中，对于输入通道，显示的是经过数据转换处理后的最终结果值；对于输出通道，可以给对应的通道输入指定的值，经过设定的数据转换内容后，输出到外部设备；若"通信状态标志"对应的通道值为"非 0"，说明工控机与 PLC 之间通信不正常，要重新对硬件连接和"基本属性"或"通道连接"属性设置进行检查，直到二者通信正常为止。

（4）"数据处理"属性设置

在实际应用中，经常需要对从设备中采集到的数据或输出到设备的数据进行前处理，以得到实际需要的工程物理量，如从 AD 通道采集进来的数据一般都为电压值或电流值，需要进行量程转换或查表计算等处理才能得到所需的物理量。

数据处理的具体操作如下：单击图 5-22 中的"数据处理"，进入如图 5-24 所示的"数据处理"标签页。双击带"*"的一行，可以增加一个新的处理，双击其他行，可以对已有的设置进行修改（也可以单击"设置"按钮进行）。注意：MCGS处理时是按序号的大小顺序处理的，可以通过"上移"和"下移"按钮来改变处理的顺序。

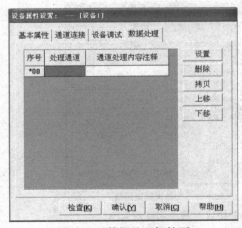

图 5-24　数据处理标签页

双击带"*"的一行后，出现如图 5-25 所示的页面。由图 5-25 可以看出，对通道数据可以进行以下 8 种形式的数据处理：多项式、倒数、开方、滤波处理、工程转换、函数调用、标准查表计算、自定义表计算。可以任意设置以上 8 种处理的组合。MCGS 按从上到下的顺序进行计算处理，每行计算的结果作为下一行计算的输入值，通道值等于最后计算结果值。

在"处理通道"一栏中确定要对哪些通道的数据进行处理，可以一次指定多个通道（开始通道和结束通道不同），也可以只指定某个单一通道（开始通道和结束通道相同）。值得注意的是，设备通道的编号是从 0 开始的。

在上述控制系统中，需要进行数据处理的变量有：No1_28V、No1_P15V、No1_N15V、

No1_P6V、No1_P5V、No1_检波、No1_功率、No1_右偏，从通道连接情况知这些量对应的通道号是 146～153，则在图 5-25 中"处理通道"栏的"开始通道"中填入"146"，在"结束通道"中填入"153"，"内容注释"可写可不写，如图 5-26 所示。

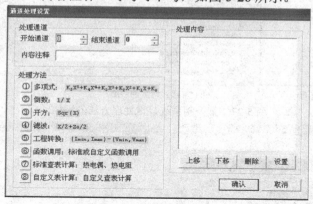

图 5-25　数据处理设置窗口

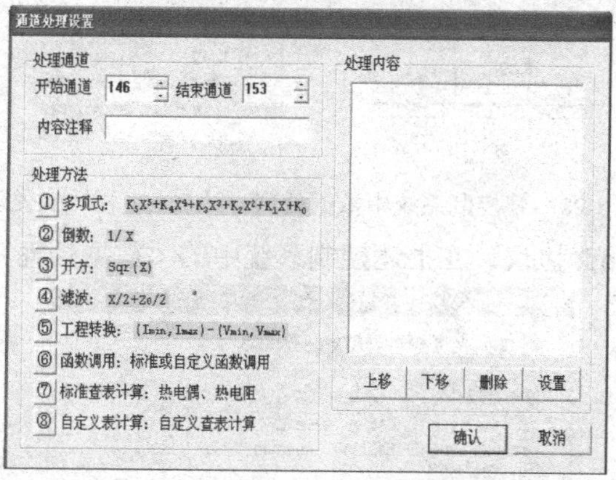

图 5-26　老化系统中数据处理方法（多项式处理）

"处理方法"的选择及添加：在上述控制系统中，No1_28V、No1_P15V、No1_N15V、No1_P6V、No1_P5V、No1_检波、No1_功率、No1_右偏 8 个变量的数据格式为 XX.XX 伏特（十进制），而串口通信传过来的是 XXXX（十进制），因此需要除以 100，以便还原为原来的 XX.XX 格式。具体操作方法如下：单击图 5-25 "处理方法"一栏中数字按钮"①多项式"，出现如图 5-27（a）所示"设置多项式处理参数"页面；在对其中的"参数值"和"乘除关系"进行相应设置后，单击"确认"按钮，即可把设置的处理方法添加到图 5-26 右边的"处理内容"列表中，如图 5-27（b）所示；再单击"确认"按钮，即可完成对上述数据对象的数据处理设置，如图 5-27（c）所示。

　　另外，在上述控制系统中，需对 No1_28V 电流（1#设备 28.5V 消耗电流）进行工程转换处理，将输入数字量转换成工程量电流（A），其输入为数字量 0～4000，输出为模拟量 0～30A，该变量所对应的通道号为 187。对该变量进行工程转换处理的具体操作过程如图 5-28 所示。

　　在图 5-28 中，"上移"和"下移"按钮改变处理顺序，"删除"按钮删除选定的处理项，单击"设置"按钮，弹出处理参数设置对话框。在"处理方法"栏中，倒数、开方、滤波不需设置参数，故没有对应的对话框弹出。

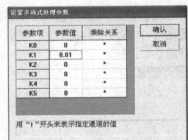

（a）数据处理参数设置页面

（b）多项式运算的添加

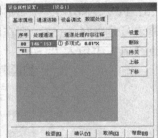

（c）数据处理添加效果

图 5-27　某控制系统数据处理方法的添加

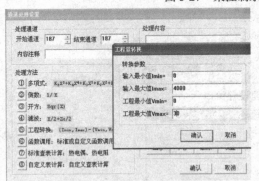
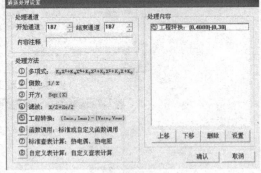

图 5-28　某控制系统中数据处理方法 2—工程转换处理

欧姆龙 PLC（HostLink 协议）在上述控制系统中的"数据处理"设置如图 5-29 所示。

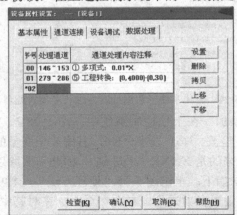

图 5-29　欧姆龙 PLC（HostLink 协议）数据处理结果

5.3　天辰仪表设备组态

5.3.1　天辰仪表设备组态要求

在某反应釜控制系统中用到 2 块型号为天辰 XSK-II/A-0KB2S2V0 的 8 点开关量输入/8 点开关量输出仪表（1#和 2#）、1 块型号为天辰 XSL/A-20LS2V0 的 16 点模拟量输入巡检仪（3#）、1 块型号为天辰 XSDU/A-CH41GA1S2V0 的 2 点模拟量输出仪表（4#）。系统要求把从现场检测到的信号接入天辰仪表，再由 RS-485/232 通信转换模块送入工控机中 MCGS 的实时数据库中,在工控机中利用事先编写好的控制程序进行处理,然后将控制命令经RS-232/485通信转换模块写入天辰仪表。其整个控制系统连接图如图 5-30 所示,1#仪表从现场采集 6 个开关量,输出 1 个开关量到现场;2#仪表输出 8 个开关量;3#仪表采集 1 个模拟信号;4#仪表输出 1 个模拟信号,各仪表通过通信模块与工控机实现信息交换。

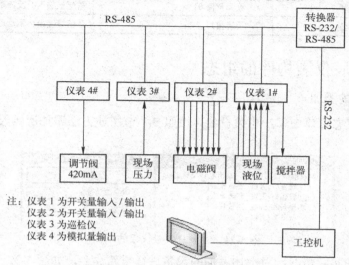

图 5-30　某反应釜控制系统连接图

5.3.2　数据变量及天辰仪表地址分配对照表

天辰 XSK-II/A-0KB2S2V0 型开关量输入/输出仪表在与工控机通信时,会将所有的 8 个开关量输入通道的状态以十进制数的形式传送给计算机,该十进制数为各通道状态加权求和得到,即 $DATA = \sum_{i=0}^{7} A_i \times 2^i$,其中 DATA 为所得十进制数(测量值),$A_i$ 为第 i 个通道的状态。也就是说,该仪表向工控机传送的是一个反映所有输入通道状态的数值型数据,而工控机向仪表发送的则是每个输出通道的开关状态量。因此在反应釜控制系统中,工控机从 1#仪表输入 1 个数值量、向 1#仪表输出 1 个开关量;向 2#仪表输出 8 个开关量;从 3#仪表输入 1 个数值量;向 4#仪表输出 1 个数值量。各参数的详细情况如表 5.2 所示。

表 5.2　反应釜控制系统中的数据变量及天辰仪表地址分配对照表

变量名	变量类型	初　值	仪 表 通 道	备　注
DATA	数值型	0	1#,读测量值 00	反映 6 个开关输入量状态的十进制数
SSV501	开关型	0	2#,设置输入开关量第 0 组第 1 通道	开关量输出;水槽入料阀
SSV502	开关型	0	2#,设置输入开关量第 0 组第 2 通道	开关量输出;水槽出料阀
SSV503	开关型	0	2#,设置输入开关量第 0 组第 3 通道	开关量输出;VCM 槽入料阀
SSV504	开关型	0	2#,设置输入开关量第 0 组第 4 通道	开关量输出;VCM 槽出料阀
SSV505	开关型	0	2#,设置输入开关量第 0 组第 5 通道	开关量输出;引发槽入料阀
SSV506	开关型	0	2#,设置输入开关量第 0 组第 6 通道	开关量输出;引发槽出料阀
SSV507	开关型	0	2#,设置输入开关量第 0 组第 7 通道	开关量输出;反应釜入料阀
SSV509	开关型	0	2#,设置输入开关量第 0 组第 8 通道	开关量输出;反应釜出料阀

变量名	变量类型	初　值	仪　表　通　道	备　　注
DRV	开关型	0	1#，设置输入开关量第 0 组第 1 通道	开关量输出；搅拌器启动/停止（1 为启动，0 为停止）
LIC301	数值型	0	3#，读测量值 01	数值量输入；反应釜液位
调节阀	数值型	0	4#，设置模拟量 01	数值量输出；驱动调节阀的信号

5.3.3　天辰仪表构件的组态

1．天辰仪表的添加

首先在设备组态窗口中添加相关设备。按照 5.1 节所述方法添加所需天辰仪表，添加结果如图 5-31 所示。

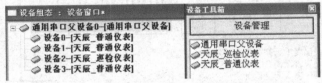

图 5-31　天辰开关量仪表的添加

根据项目中的实际情况，对上述添加的设备进行重新命名，如图 5-32 所示。

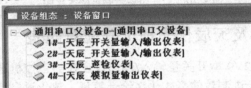

图 5-32　设备组态窗口的重命名

下面举例说明将图 5-31 中的"设备 0-[天辰_普通仪表]"重新命名为图 5-33 中"1#-[天辰_开关量输入/输出仪表]"的方法。

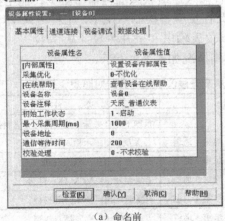

图 5-33　设备重新命名过程

双击图 5-31 中的"设备 0-[天辰_普通仪表]"，出现如图 5-33（a）所示的窗口；在窗口中将"设备名称"中的内容——"设备 0"改为"1#"，将"设备注释"中的内容——"天辰_普通仪表"改为"天辰_开关量输入/输出仪表"，如图 5-33（b）所示；单击"确认"按钮，即可完成设备的重新命名。

2. 设备基本属性设置

（1）通用串口父设备属性设置

要使天辰仪表正常工作，必须将其挂接在"通用串口父设备"下，而且其通信参数的设置必须与天辰仪表的设置一样，否则无法通信。在反应釜计算机控制系统中与天辰仪表相连的"通用串口父设备"的基本属性设置如图5-34所示。设备的初始工作状态默认为"启动"，最小采集周期设为500ms，串口端口号根据串口线连接的端口选择（本例选择COM2），其他参数不予修改。

（2）天辰仪表基本属性设置

① 天辰 XSK-II/A-0KB2S2V0 型开关量输入/输出仪表基本属性设置

双击图5-32中的"1#—[天辰_开关量输入/输出仪表]"，进入"设备属性设置"窗口，如图5-35所示，将最小采集周期设为500ms，设备地址改为1，注意应同时将1#仪表内部的地址参数修改为1，这样计算机才能对其进行识别和实现通信。

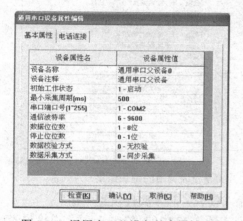

图 5-34　通用串口父设备基本属性设置

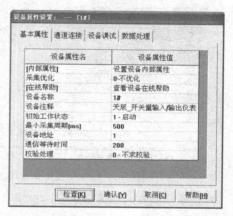

图 5-35　天辰 XSK-II/A-0KB2S2V0 型开关量仪表（1#）基本属性设置

2#仪表的设备地址设定为2，采用同样的方法设置其基本属性窗口和内部地址参数。

单击图5-35中的"设置设备内部属性"，进入"天辰-普通仪表通道属性设置"窗口，如图5-36所示，从中可进行通道的添加/删除操作。

单击图5-36中的"增加通道"按钮，在弹出窗口中可进行操作类型、方式的选择以及通道号的设定，如图5-37所示。

对于1#仪表，需进行开关量输入通道和1个开关量输出通道的添加。在图5-37中，选择"操作类型"为"读测量值"，"测量值通道号"为0，"操作方式"默认为"只读"，单击"确认"按钮，即可完成输入通道的添加；添加输出通道时，在图5-37的"操作类型"中选择"输出开关量"，操作方式默认为"只写"，将"组号和通道号"修改为"1"，确认即完成。组态效果如图5-38（a）所示。

对于2#仪表，只需进行8个开关量输出通道的添加。与1#仪表输出通道的添加方法相同，8个通道的"组号和通道号"分别为01～08，其效果如图5-38（b）所示。

单击"确认"按钮，完成对天辰 XSK-II/A-0KB2S2V0 型开关量仪表基本属性的设置。

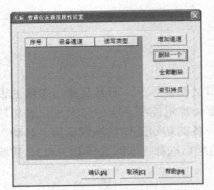

图 5-36　天辰 XSK-II/A-0KB2S2V0 型开关量
仪表通道（内部）属性设置

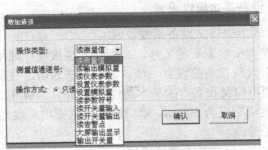

图 5-37　增加通道窗口

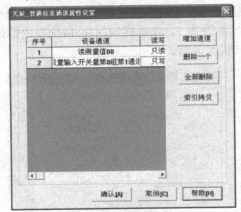

（a）1#仪表通道的添加

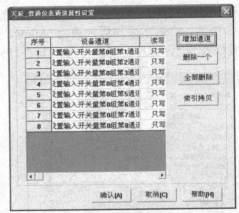

（b）2#仪表通道的添加

图 5-38　天辰 XSK-II/A-0KB2S2V0 型开关量仪表通道的添加结果

② 天辰 XSL/A-20LS2V0 型巡检仪（模拟量输入仪表）基本属性设置

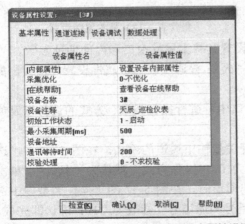

图 5-39　天辰 XSL/A-20LS2V0 巡检仪基本属性设置

双击图 5-32 中的"3#—[天辰_巡检仪表]"，进入"设备属性设置"窗口，如图 5-39 所示，将设备地址修改为 3（仪表内部地址一并修改）。

单击图 5-39 中的"设置设备内部属性"，进入"天辰-巡检仪表通道属性设置"窗口，如图 5-40 所示。

单击"增加通道"按钮，弹出如图 5-41 所示的"增加通道"窗口。

对于模拟量输入通道的添加，在图 5-41 中将"操作类型"选为"读测量值"，"开始通道号"为 1，"通道个数"为 1，"操作方式"为"只读"。再单击"确认"按钮，即可完成 1 个模拟量输入通道的添加。最终效果如图 5-42 所示。

单击"确认"按钮，完成对天辰 XSL/A-20LS2V0 型巡检仪基本属性的设置。由于"开始通道号"设定为 1，则传感器的输出信号应确保接在巡检仪的 1#通道，如果接错通道，无法实现正常通信。

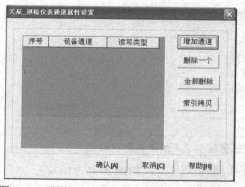
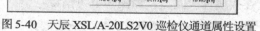

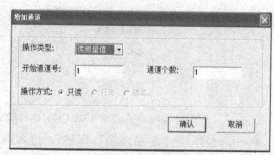

图 5-40　天辰 XSL/A-20LS2V0 巡检仪通道属性设置　　　　图 5-41　天辰 XSL/A-20LS2V0 巡检仪增加通道

　　单击"确认"按钮，完成对天辰 XSL/A-20LS2V0 型巡检仪基本属性的设置。由于"开始通道号"设定为 1，则传感器的输出信号应确保接在巡检仪的 1#通道，如果接错通道，无法实现正常通信。

　　说明：为了将来扩展功能方便，可多增加几个模拟量输入通道，只要将图 5-41 中的"通道个数"改为想要添加的通道个数（如 8）就可以了。

　　③ 天辰 XSDU/A-CH41GA1S2V0 型模拟量输出仪表基本属性设置

　　双击图 5-32 中的"4#—[天辰_模拟量输出仪表]"，进入"设备属性设置"窗口，如图 5-43 所示，设备地址修改为 4（仪表内部地址一并修改）。

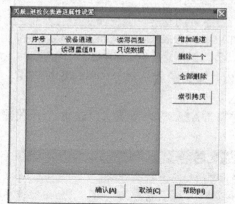

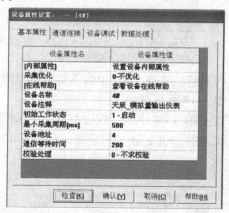

图 5-42　天辰 XSL/A-20LS2V0 巡检仪通道的添加　　　图 5-43　天辰 XSDU/A-CH41GA1S2V0 模拟量输出仪
　　　　　　　　　　　　　　　　　　　　　　　　　　　　　　　表基本属性设置

　　单击图 5-43 中的"设置设备内部属性"，进入"天辰-普通仪表通道属性设置"窗口，见图 5-36。单击"增加通道"按钮，弹出如图 5-44 所示的"增加通道"窗口。

　　对于模拟量输出通道的添加，只在图 5-44 中将"操作类型"选为"输出模拟量"，"模拟量通道号"为 1，"操作方式"为"只写"。然后单击"确认"按钮，即可完成 1 个模拟量输出通道的添加，其效果如图 5-45 所示。

　　单击"确认"按钮，完成对天辰 XSDU/A-CH41GA1S2V0 模拟量输出仪表基本属性的设置，由于"模拟量通道号"选择为 1，则输出信号应确保经过该仪表的 1#通道传送到现场。

3. 天辰仪表通道连接属性设置

　　下面以 1#仪表在釜式反应器计算机控制系统中的通道连接为例说明通道连接属性的设置。

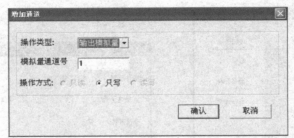

图 5-44　天辰 XSDU/A-CH41GA1S2V0 模拟量输出仪表增加通道窗口

单击图 5-35 中"通道连接"标签，进入通道连接属性设置页，如图 5-46 所示。

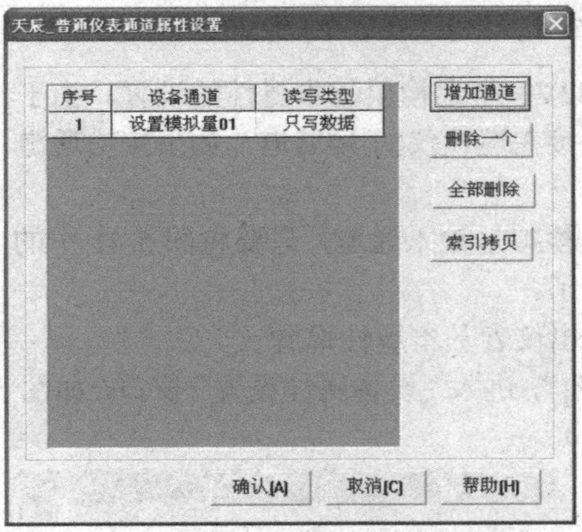

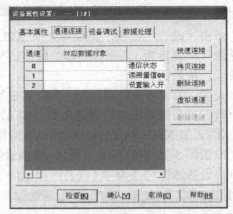

图 5-45　天辰 XSDU/A-CH41GA1S2V0 模拟量
输出仪表通道的添加

图 5-46　天辰 XSK-II/A-0KB2S2V0 开关量
仪表通道连接窗口

将鼠标放在图 5-46 中的"对应数据对象"一栏内，如图中蓝色部分，单击鼠标右键，出现如图 5-47 所示页面。

双击图 5-47 中的"DATA"，即完成了数值型对象 DATA 与测量值（反映 8 个开关输入通道状态的十进制数）的连接，如图 5-48 所示。

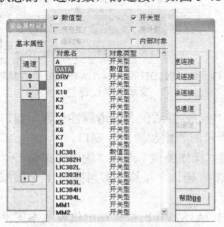

图 5-47　开关量输入通道连接

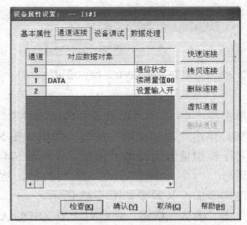

图 5-48　开关量输入通道连接效果图

用同样的方法，可以建立开关型输出量、模拟输入/输出量与天辰仪表对应通道之间的连接。通道连接的效果如图 5-49 所示。

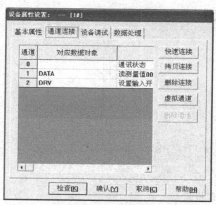

（a）1# 仪表通道连接

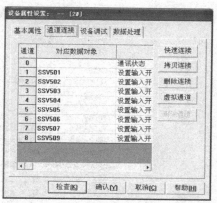

（b）2# 仪表通道连接

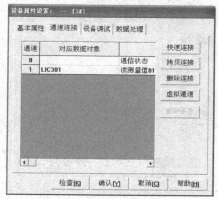

（c）3# 通道连接

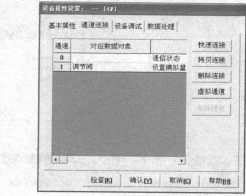

（d）4# 通道连接

图 5-49　天辰仪表通道连接效果图

4．天辰仪表的数据处理

在釜式反应器计算机控制系统中，有一个数值型输入变量——反应釜液位 LIC301。实际应用中，要将压力变送器输出的 4～20m ADC 电流信号转换成对应于实际液位值的工程量 0～10m，所以要对 LIC301 进行工程转换处理。具体处理过程如下：

图 5-50　数据处理

单击"设备属性设置"窗口中的"数据处理"标签，进入数据处理属性设置页，如图 5-50 所示。双击图中的"*00"一行，进入如图 5-51 所示的"通道处理设置"页。

在"开始通道"和"结束通道"内均填入"1"，在"内容注释"内填入"对反应釜液位进行工程转换处理"，同时单击"处理方法"一栏中的按钮⑤，出现如图 5-52 所示页面。在图 5-52（a）中的对话框中，将"工程最大值 Vmax=设为"10"，单击"确认"按钮，即可在"处理内容"一栏内显示出刚刚设置好的处理方法，如图 5-52（b）所示。单击图 5-52（b）中的"确认"按钮，即可完成对 LIC301 的数据处理设置，处理结果如图 5-52（c）所示。

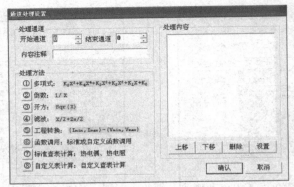

图 5-51　通道处理设置

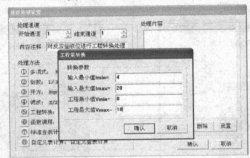

（a）

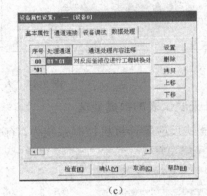

（b）　　　　　　　　　　　　（c）

图 5-52　数值型数据变量的数据处理过程

5.3.4　设备构件的调试

在上述组态工作完成后，就要对上述设备组态结果进行设备调试了。在工作现场，单击"设备调试"标签，出现如图 5-53 所示的页面。图 5-53 中"通信状态"前的"通道值"为 0，说明天辰仪表与工控机的通信连接正常，如此值非 0，则表明通信不正常；1 号通道的"通道值"为 0.1，说明反应釜当前的液位值为 0.1m。

5.4　模拟设备组态

模拟设备是 MCGS 内部的一个虚拟设备，其功能是根据设置的参数产生一组模拟曲线的数据，以供用户调试工程使用。本构件可以产生标准的正弦波、方波、三角波、锯齿波信号，而且其幅值和周期都可以根据需要设置。要正确使用本构件，必须按如下步骤设置属性。

1. 模拟设备的添加

按 5.1 节讲述的方法将"模拟设备"添加到"设备工具箱"内，并将其放置到设备组态窗口中，如图 5-54 所示。

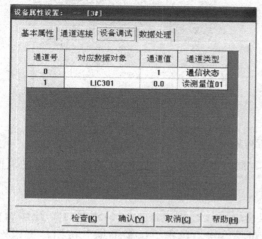

图 5-53　天辰巡检仪设备调试

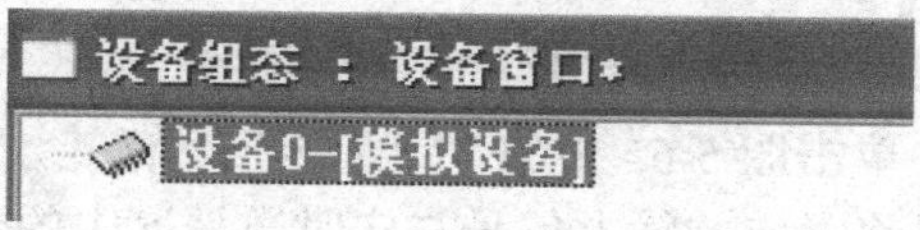

设备组态：设备窗口*

设备0-[模拟设备]

图 5-54　模拟设备的添加过程

2. 模拟设备构件的基本属性组态

打开图 5-54 中的设备 0 的属性，得到模拟设备构件的基本属性窗口（如图 5-55 所示），可根据需要在此窗口更改设备的名称、注释等基本属性。

单击图 5-55 中"设置设备内部属性"右边的按钮 **...** ，进入如图 5-56 所示页面。内部属性用于设置模拟设备所产生曲线的波形、曲线类型、曲线波形的幅值、曲线的循环周期。每个模拟设备可以产生多条曲线，每条曲线都可设置成不同的参数。

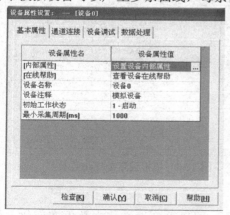

图 5-55　模拟设备基本属性设置

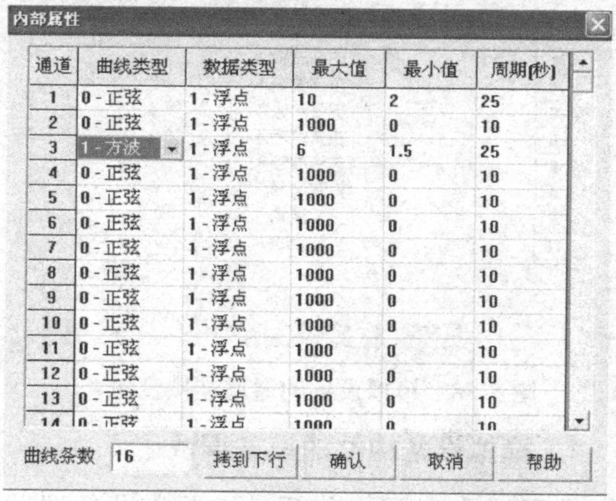

<table>
<tr><th>通道</th><th>曲线类型</th><th>数据类型</th><th>最大值</th><th>最小值</th><th>周期[秒]</th></tr>
<tr><td>1</td><td>0 - 正弦</td><td>1 - 浮点</td><td>10</td><td>2</td><td>25</td></tr>
<tr><td>2</td><td>0 - 正弦</td><td>1 - 浮点</td><td>1000</td><td>0</td><td>10</td></tr>
<tr><td>3</td><td>1 - 方波</td><td>1 - 浮点</td><td>6</td><td>1.5</td><td>25</td></tr>
<tr><td>4</td><td>0 - 正弦</td><td>1 - 浮点</td><td>1000</td><td>0</td><td>10</td></tr>
<tr><td>5</td><td>0 - 正弦</td><td>1 - 浮点</td><td>1000</td><td>0</td><td>10</td></tr>
<tr><td>6</td><td>0 - 正弦</td><td>1 - 浮点</td><td>1000</td><td>0</td><td>10</td></tr>
<tr><td>7</td><td>0 - 正弦</td><td>1 - 浮点</td><td>1000</td><td>0</td><td>10</td></tr>
<tr><td>8</td><td>0 - 正弦</td><td>1 - 浮点</td><td>1000</td><td>0</td><td>10</td></tr>
<tr><td>9</td><td>0 - 正弦</td><td>1 - 浮点</td><td>1000</td><td>0</td><td>10</td></tr>
<tr><td>10</td><td>0 - 正弦</td><td>1 - 浮点</td><td>1000</td><td>0</td><td>10</td></tr>
<tr><td>11</td><td>0 - 正弦</td><td>1 - 浮点</td><td>1000</td><td>0</td><td>10</td></tr>
<tr><td>12</td><td>0 - 正弦</td><td>1 - 浮点</td><td>1000</td><td>0</td><td>10</td></tr>
<tr><td>13</td><td>0 - 正弦</td><td>1 - 浮点</td><td>1000</td><td>0</td><td>10</td></tr>
<tr><td>14</td><td>0 - 正弦</td><td>1 - 浮点</td><td>1000</td><td>0</td><td>10</td></tr>
</table>

曲线条数 16　拷到下行　确认　取消　帮助

图 5-56　模拟设备的内部属性设置 1

单击曲线类型右侧的 ▼，即可在下拉选项中设置该行曲线的类型；单击数据类型下右侧的 ▼，可设置该行曲线的数据类型为整型或是浮点数；可直接修改曲线的最大值、最小值和循环周期；在曲线条数输入框可以输入需要的曲线数。单击"拷贝下行"按钮，可以把鼠标所在行的所有数据复制到下一行；用鼠标选取多行（4#～8#通道），如图 5-57（a）所示，按 Ctrl+F5 键，即可以将所选取的最上一行（4#通道）的数据属性复制到多行（5#～8#通道），效果如图 5-57（b）所示。

内部属性 （a）拷贝前

通道	曲线类型	数据类型	最大值	最小值	周期[秒]
1	0-正弦	1-浮点	1000	0	10
2	0-正弦	1-浮点	1000	0	10
3	1-方波	1-浮点	1000	0	10
4	2-三角	1-浮点	100	0	10
5	0-正弦	1-浮点	1000	0	10
6	0-正弦	1-浮点	1000	0	10
7	0-正弦	1-浮点	1000	0	10
8	0-正弦	1-浮点	1000	0	10
9	0-正弦	1-浮点	1000	0	10
10	0-正弦	1-浮点	1000	0	10
11	0-正弦	1-浮点	1000	0	10
12	0-正弦	1-浮点	1000	0	10
13	0-正弦	1-浮点	1000	0	10

曲线条数 32　　拷到下行　确认　取消　帮助

内部属性 （b）按 Ctrl+F5 键后

通道	曲线类型	数据类型	最大值	最小值	周期[秒]
1	0-正弦	1-浮点	1000	0	10
2	0-正弦	1-浮点	1000	0	10
3	1-方波	1-浮点	1000	0	18
4	2-三角	1-浮点	100	0	10
5	2-三角	1-浮点	100	0	10
6	2-三角	1-浮点	100	0	10
7	2-三角	1-浮点	100	0	10
8	2-三角	1-浮点	100	0	10
9	0-正弦	1-浮点	1000	0	10
10	0-正弦	1-浮点	1000	0	10
11	0-正弦	1-浮点	1000	0	10
12	0-正弦	1-浮点	1000	0	10
13	0-正弦	1-浮点	1000	0	10

曲线条数 32　　拷到下行　确认　取消　帮助

图 5-57　多行拷贝效果图

单击"确认"按钮，即可完成模拟设备基本属性的设置，同时回到图 5-55 所示的页面。

3. 模拟设备构件的通道连接

单击图 5-55 中的"通道连接"标签，进入通道连接设置页，如图 5-58 所示。在该窗口，可以将设定的输入信号与实时数据库中的数据对象连接，单击"虚拟通道"按钮，可以设置虚拟的通道以及通道的类型。

选中通道 0 的"对应数据对象"输入框，输入"液位 1"，或单击右键，弹出数据对象列表后，选择"液位 1"；选择通道 2 对应数据对象为"液位 2"，如图 5-59 所示。

图 5-58　模拟设备的通道连接窗口

图 5-59　模拟设备的通道连接

4. 模拟设备构件的设备调试

按照以上步骤操作后，进入"设备调试"属性页，即可看到通道值中数据在变化，如图 5-60 所示。单击"确认"按钮，完成模拟设备的属性设置。

进入运行环境中，实时曲线构件的显示效果如图 5-61 所示，曲线 1 为"液位 1"的实时曲线为正弦波形，曲线 2 为"液位 2"的实时曲线为方波。

图 5-60 模拟设备构件的设备调试

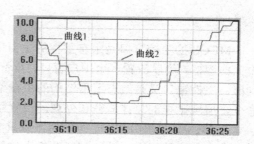

图 5-61 模拟设备运行效果图

习 题 5

5-1 简述设备窗口在 MCGS 组态中的地位和作用。

5-2 已知天辰仪表的默认通信参数如下：波特率 9600，1 位停止位，无校验，8 位数据位。请在"设备窗口"中添加天辰开关量输入/输出仪表，并设置其通用串口父设备的基本属性。

5-3 某雨水回收利用系统 I/O 变量如表 5.3 所示，选用中泰开关量输入/输出板卡 PCI-8408 及天辰 XSL/A-20LS2V0 巡检仪作为输入/输出设备，请给下述变量分配通道地址，并进行设备组态。

表 5.3 题 5-3 的 I/O 变量

变 量 名	类 型	初 值	注 释
S1	开关	0	压力传感器，输入，压力大于等于设定值时：=1
S2	开关	0	上液位传感器，输入，液位大于等于上限时：=1
S3	开关	0	中液位传感器，输入，液位大于等于中限时：=1
S4	开关	0	下液位传感器，输入，液位大于等于下限时：=1
Y1	开关	1	进水阀，输出，0 为接通
Y2	开关	1	水泵，输出，0 为工作
水	数值	0	雨水罐液位变化效果参数
水 1	数值	0	气压罐液位变化效果参数
ZHV1	开关	0	定时时间到信号，1 有效
ZHV2	开关	0	定时器启动，=1：启动，=0：停止并复位定时器

第6章　主控窗口组态

MCGS 的主控窗口是组态工程的主窗口，是所有用户窗口的父窗口。主控窗口相当于一个大的容器，可以放置多个用户窗口，负责这些窗口的管理和调度，并调度用户策略的运行。同时，主控窗口又是组态工程结构的主框架，可在主控窗口内建立菜单系统，创建各种菜单命令，展现工程的总体概貌和外观，设置系统运行流程及特征参数，方便用户的操作。

在 MCGS 单机版中，一个应用系统只允许有一个主控窗口，主控窗口是作为一个独立的对象存在的，其强大的功能和复杂的操作都被封装在对象的内部。组态时，只需对主控窗口的属性进行正确设置即可。

6.1　主控窗口属性设置

在 MCGS 工作台上选中"主控窗口"页，如图 6-1 所示，选中要设置的"主控窗口"图标，单击该窗口中的"系统属性"按钮，或者单击工具条中的"显示属性"按钮 📑，或者选择"编辑"菜单的"属性"命令，则弹出"主控窗口属性设置"窗口，如图 6-2 所示。

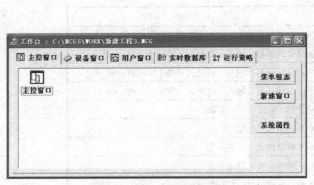

图 6-1　主控窗口组态环境

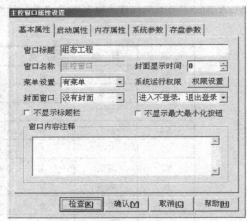

图 6-2　主控窗口属性设置

该属性设置窗口共分为下列 5 种属性页，其基本功能如下。

⊙ **基本属性**：指明反映工程外观的显示要求，包括工程的名称（窗口标题），系统启动时首页显示的画面（称为软件封面），是否显示菜单，以及权限设置等。

⊙ **启动属性**：指定系统启动时自动打开的用户窗口（称为启动窗口）。

⊙ **内存属性**：指定系统启动时自动装入内存的用户窗口。运行过程中，打开装入内存的用户窗口可提高画面的切换速度，但装入内存的用户窗口数量不宜过多，否则同样会影响切换速度。

⊙ **系统参数**：设置系统运行时的相关参数，主要是周期性运作项目的时间要求。例如，画面刷新的周期时间，图形闪烁的周期时间等。建议采用默认值，一般情况下不需要修改这些参数。

⊙ 存盘参数：指定存盘数据文件的名称（含目录名）等属性。

6.1.1　基本属性设置

应用工程在运行时的总体概貌及外观，完全由主控窗口的基本属性决定。在图 6-2 中，选择"基本属性"标签按钮，即进入基本属性设置窗口页。

① 窗口标题：设置工程运行窗口的标题，运行时显示在屏幕左上角。

② 窗口名称：是指主控窗口的名称，默认为"主控窗口"，并灰显，不可更改。

③ 菜单设置：确定是否建立菜单系统，如果选择"无菜单"，运行时将不显示菜单栏。

④ 封面窗口：确定工程运行时是否有封面，可在下拉菜单中选择相应的窗口作为封面窗口，一般情况应设封面窗口，可显示工程名称等基本信息。

⑤ 封面显示时间：设置封面持续显示的时间，以秒为单位。运行时，单击窗口任何位置，封面自动消失。封面显示时间设置为 0 时，封面将一直显示，直到鼠标单击窗口任何位置时，封面方可消失。

⑥ 系统运行权限：设置系统运行权限。单击"权限设置"按钮，进入用户权限设置窗口，如图 6-3 所示，从中可设置将进入或退出工程的权限赋予某个用户组。无此权限的用户组中的用户，不能进入或退出该工程。当选择"所有用户"时，相当于无限制。此项措施对防止无关人员的误操作，提高系统的安全性起到重要的作用。

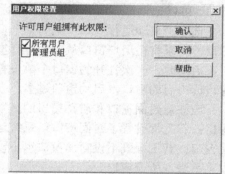

图 6-3　用户权限设置窗口

同时，可在基本属性窗口"权限设置"按钮的下拉框中选择进入或退出时是否登录。选项包括：

⊙ 进入不登录，退出登录，即当用户退出 MCGS 运行环境时需登录，进入时不必登录。

⊙ 进入登录，退出不登录，即当用户启动 MCGS 运行环境时需登录，退出时不必登录。

⊙ 进入不登录，退出不登录，即进入或退出 MCGS 运行环境时，都不必登录。

⊙ 进入登录，退出登录，即进入或退出 MCGS 运行环境时，都需要登录。

⑦ 不显示标题栏：选择此项，运行 MCGS 运行环境时，将不显示标题栏。

⑧ 不显示最大最小化按钮：选择此项，运行 MCGS 运行环境时，标题栏中将不显示最大、最小化按钮。

⑨ 窗口内容注释：起到说明和备忘的作用，对应用工程运行时的外观不产生任何影响。

6.1.2　启动属性设置

应用工程启动时，主控窗口应自动打开一些用户窗口，以显示某些图形动画，如反映工程特征的封面图形，主控窗口的这一特性就称为启动属性。

在"主控窗口属性设置"窗口中选择"启动属性"页，进入启动属性设置页，如图 6-4 所示。图中左侧为"用户窗口列表"，列出了所有定义的用户窗口名称，如"窗口 0"、"窗口 1"；右侧为启动时自动打开的用户窗口列表，即"自动运行窗口"，利用"增加"和"删除"按钮，可以调整自动启动的用户窗口。

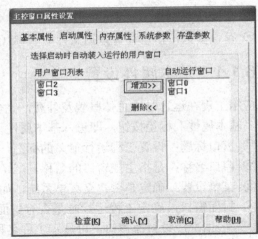

图 6-4　主控窗口启动属性设置页

选中"用户窗口列表"中的某个窗口，单击"增加"按钮，或双击该列表中指定的用户窗口，可以把该窗口添加到"自动运行窗口"中，使之成为系统启动时自动运行的用户窗口。

选中"自动运行窗口"中的某个窗口，单击"删除"按钮，或双击该窗口中指定的用户窗口，可以将该用户窗口从自动运行窗口列表中删除。

启动时，一次打开的窗口个数没有限制，但由于计算机内存的限制，一般只把最需要的窗口选为启动窗口，启动窗口过多，会影响系统的启动速度。

应注意封面窗口和启动窗口的区别：若工程不设封面窗口，系统运行时将直接进入启动窗口；若工程设置了封面窗口，系统运行时将先进入封面窗口，当封面窗口消失后再进入启动窗口；若工程既不设封面窗口也不设启动窗口，系统运行时将不显示任何窗口，这时可通过菜单进入所需窗口。

6.1.3　内存属性设置

应用工程运行过程中，当需要打开一个用户窗口时，系统首先把窗口的特征数据从磁盘调入内存，再执行窗口打开的指令，这样一个打开窗口的过程可能比较缓慢，满足不了工程的需要。为了加快用户窗口的打开速度，MCGS 提供了一种直接从内存中打开窗口的机制，即先把一些用户窗口装入内存，当需要调用这些窗口时，系统将直接从内存调用而不是从磁盘调用，从而节省了磁盘操作的开销时间。将位于主控窗口内的某些用户窗口定义为内存窗口，称为主控窗口的内存属性。

利用主控窗口的内存属性，可以设置运行过程中始终位于内存中的用户窗口，不管该窗口是处于打开状态，还是处于关闭状态。由于窗口存在于内存之中，打开时不需要从硬盘上读取，因而能提高打开窗口的速度。MCGS 最多可允许选择 20 个用户窗口在运行时装入内存。受计算机内存大小的限制，一般只把需要经常打开和关闭的用户窗口在运行时装入内存。预先装入内存的窗口过多，也会影响运行系统装载的速度。

在"主控窗口属性设置"窗口中选择"内存属性"页，进入内存属性设置窗口，如图 6-5 所示。左侧为所有定义的用户窗口列表，右侧为启动时装入内存中的用户窗口列表，利用"增加"和"删除"按钮，可以调整装入内存中的用户窗口。在图 6-5 的例子中，窗口 5、6、7、8 具有内存属性。

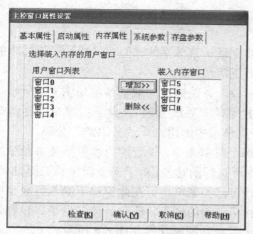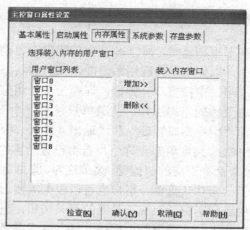

图 6-5　主控窗口的内存属性设置

6.1.4　系统参数设置

该项属性主要包括与动画显示有关的时间参数，如动画画面刷新的时间周期、图形闪烁动作的周期时间等。在"主控窗口属性设置"窗口中选择"系统参数"页，进入系统参数设置窗口，如图 6-6 所示。

系统最小时间片：指运行时系统最小的调度时间，其值为 20～100ms，一般设置为 50ms。当设置的某个周期的值小于 50ms 时，该功能将启动，默认该值单位为"时间片"，如动画刷新周期为 1，则系统认为是指 1 个时间片，即为 50ms。此功能是为了防止用户的误操作。

MCGS 中由系统定义的默认值能满足大多数应用工程的需要，除非特殊需要，建议一般不要修改这些默认值。

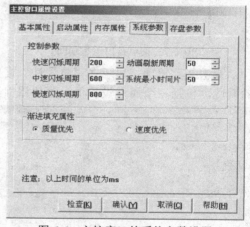

图 6-6　主控窗口的系统参数设置

6.1.5　存盘参数设置

运行时，应用工程的数据（包括数据对象的值和报警信息）都存入一个数据库文件中，数据库文件的名称及数据保留的时间要求，也作为主控窗口的一种属性预先设置。

在"主控窗口属性设置"窗口中选择"存盘参数"页，具体设置方法见 2.2.5 节。

6.2　菜单组态

新建一个工程后，会出现主控窗口的组态环境（见图 6-1），从中可以进行主控窗口的"菜单组态"、"新建窗口"和"系统属性"的设定。双击"主控窗口"图标或单击"菜单组态"按钮，可以进行相应的菜单组态。菜单组态的目的是为实际运行的应用系统编制一套功能齐全的菜单系统，是主控窗口组态配置的一项重要工作。

6.2.1　建立下拉菜单

在工程创建时，MCGS 在主控窗口中自动建立默认菜单系统，但它只提供了最简单的菜单命令，以使生成的应用系统能在默认的状态下正常运行。

双击"主控窗口"图标，即弹出菜单组态窗口，系统提供的默认菜单如图 6-7 所示，从中完成菜单的组态工作。此菜单只包括一个下拉菜单"系统管理"，此下拉菜单包括两个菜单项即"用户窗口管理"和"退出系统"。两个菜单项中间用一个"分隔线"分隔。

MCGS 菜单组态允许用户自由设置所需的每个菜单命令，设置的内容包括菜单命令的名称、菜单命令对应的快捷键、菜单注释、菜单命令所执行的功能。对于一个新建的工程，MCGS 提供了一套默认菜单，用户也可以根据需要设计自己的菜单，可在此窗口下输入各级菜单命令。可以利用窗口上端工具条的有关按钮，进行菜单项的插入、删除、位置调整、设置分隔线、制作下拉式菜单等项操作。MCGS 工具条上菜单项图标功能如图 6-8 所示。

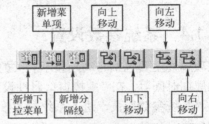

图 6-7　菜单窗口组态画面　　　　　　图 6-8　MCGS 工具条菜单项图标功能说明

双击某菜单项，显示"菜单属性"设置窗口，如图 6-9 所示。按所列款项设定该菜单项的属性，包括三个属性设置页：菜单属性、菜单操作、脚本程序。

图 6-9　菜单属性设置

1．菜单属性的设置

在"菜单属性"页中可以编辑菜单名称、对应的快捷键和菜单类型。

- ⊙ 菜单名：为菜单项命名，编制菜单时，系统为菜单命令定义的默认名称为"操作×"、"操作集×"（×为数字代码）。
- ⊙ 快捷键：为该菜单命令设置快捷键。如：欲给"操作 1"设置快捷键 Ctrl+H，首先将光标移到快捷键设置框内，然后按住 Ctrl 键，再单击 H 即可。
- ⊙ 菜单类型：设置该菜单的类型，包括：设置为普通菜单、下拉菜单、菜单分隔线。
- ⊙ 内容注释：为该菜单添加注释。

2. 菜单操作的设置

- ⊙ 执行运行策略块：在弹出的下拉菜单中选择要执行的策略。
- ⊙ 打开用户窗口：设置菜单命令为打开某一窗口。
- ⊙ 关闭用户窗口：设置菜单命令为关闭某一窗口。
- ⊙ 隐藏用户窗口：设置菜单命令为隐藏某一窗口。
- ⊙ 打印用户窗口：设置菜单命令为打印某一窗口。
- ⊙ 退出运行系统：包括退出运行环境、退出操作系统、重新启动操作系统。
- ⊙ 数据对象值操作：包括置1，清0，取反。单击"？"即可选择相应的数据对象。

3. 脚本程序设置

在脚本程序设置页中，单击"打开脚本程序编辑器"按钮，直接进入脚本程序编辑环境。脚本编辑方法见第4章"运行策略组态"的相关内容。

6.2.2 配料系统主控窗口组态举例

1. 系统简介

该系统是按照制造工艺流程分别进行三种物料（煅白、萤石和硅铁）的配料控制，分别控制三种物料储料管中的物料存量，并根据制造工艺合理配料，进行产品的加工。根据工艺要求，系统设置封面窗口，"控制窗口"作为启动窗口，并将"失重称画面"、"参数设定"、"控制窗口"设为内存窗口，系统进入时要求登录。因此系统的用户窗口有5个："封面窗口"、"失重称画面"、"参数设定"、"控制窗口"、"登录"。

2. 系统主控窗口的菜单组态

在MCGS工作台上选择主控窗口页，选中"主控窗口"图标，单击"菜单组态"按钮，进入主控窗口的菜单组态窗口，如图6-10所示。该主控窗口的菜单中有两个下拉菜单项："系统管理"和"窗口"。"系统管理"下拉菜单项中包括两个普通菜单项："登录"和"退出系统"；"窗口"下拉菜单项中包括三个普通菜单项："失重称画面"、"参数设置"、"控制窗口"。每个普通菜单项之间均用"分隔线"来分隔。在MCGS运行环境下，主控窗口中"系统管理"和"窗口"下拉菜单项显示出来的效果如图6-11所示。

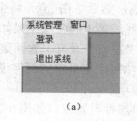

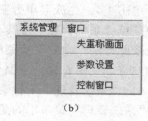

(a)　　　　　　　　(b)

图6-10　配料系统主控窗口的菜单组态窗口　　　图6-11　配料系统主控窗口的菜单显示效果

在进行菜单项的添加时，可利用工具条上的菜单项的快捷按钮进行操作。单击 按钮，则主控窗口生成一个下拉菜单项如图6-12（a）所示，双击"操作集0"，得到该菜单的属性设置窗口，将"菜单名"改为"系统管理"，类型为"下拉菜单项"，如图6-12（b）所示，单击"确认"按钮，完成了"系统管理"下拉菜单的建立。

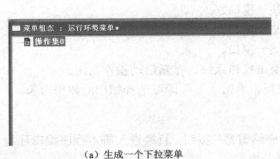

（a）生成一个下拉菜单

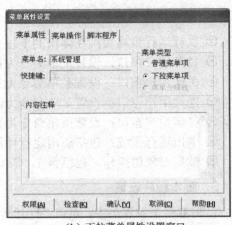

（b）下拉菜单属性设置窗口

图 6-12 "系统管理"下拉菜单的建立

单击 ，生成一个普通菜单项，再单击 ，如图 6-13（a）所示，得到"系统管理"的下一级菜单"操作 0"，双击"操作 0"，得到该菜单的属性设置窗口，将菜单名改为"登录"，类型为"普通菜单项"，如图 6-13（b）所示。确认得到"登录"普通菜单。

（a）生成一个普通菜单项

（b）普通菜单项属性设置窗口

图 6-13 "登录"普通菜单的建立

单击 ，生成菜单分割线；然后单击 ，将生成的普通菜单名改为"退出系统"，则下拉菜单"系统管理"及其下普通菜单的生成结果如图 6-14 所示。

依此方法可建立下拉菜单"窗口"及其下普通菜单，从而完成本系统主控窗口中所有菜单的建立，见图 6-10。下面介绍每个菜单项的属性设置方法。

（1）"系统管理"下拉菜单项

"系统管理"菜单项的菜单属性设置窗口如图 6-15 所示，无菜单操作及脚本程序设置。

（2）"登录"普通菜单项

"登录"菜单项的菜单属性设置窗口如图 6-16 所示，无脚本程序设置。

（3）"退出系统"普通菜单项

"退出系统"菜单项的菜单属性设置窗口如图 6-17 所示，无脚本程序设置。

图 6-14　"系统管理"及其下普通菜单的组态结果

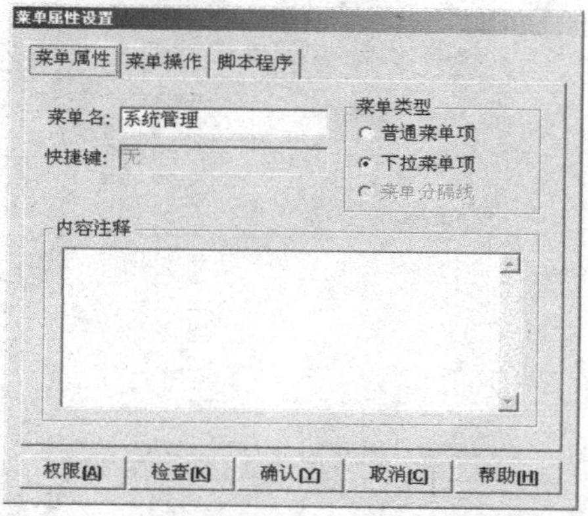

图 6-15　"系统管理"菜单项的属性设置

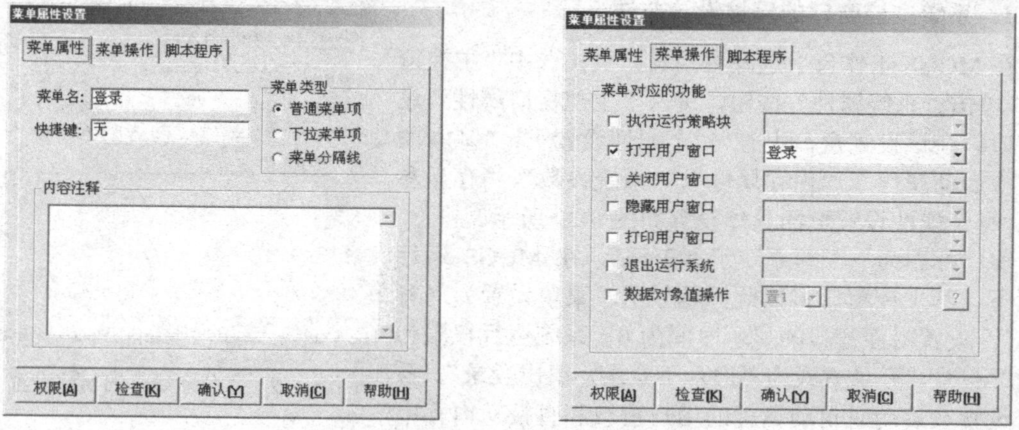

图 6-16　"登录"菜单项的属性设置

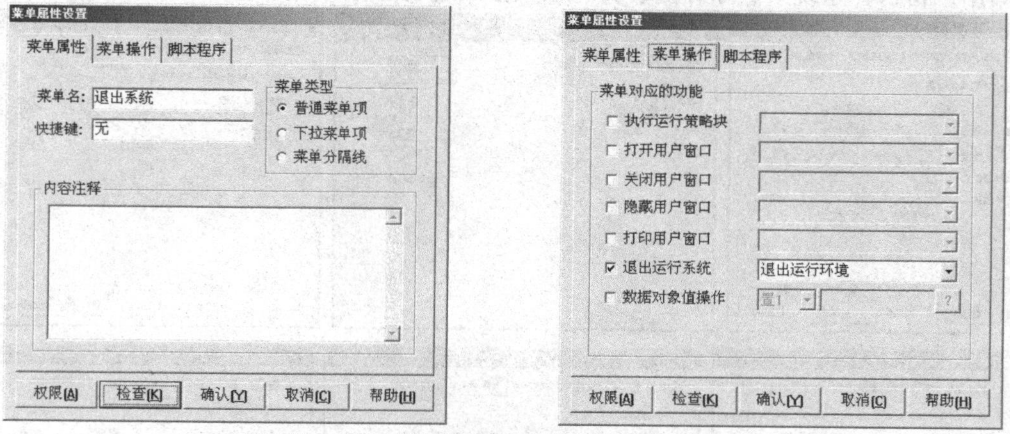

图 6-17　"退出系统"菜单项的属性设置

（4）"失重称画面"、"参数设置"、"控制窗口"普通菜单项

此三个菜单项的菜单属性设置方法基本相同，不同之处是，所对应打开的用户窗口分别选择"失重称画面"、"参数设置"、"控制窗口"。以"失重称画面"为例，其菜单属性设置窗口如图 6-18 所示，无脚本程序设置。

（5）"分隔线"

"分隔线"菜单项的菜单属性设置窗口如图 6-19 所示，无菜单操作和脚本程序设置。

图 6-18　"失重称画面"菜单项的属性设置

3．系统主控窗口的属性设置方法

在 MCGS 工作台上选择主控窗口页，选中"主控窗口"，单击"系统属性"按钮，进入"主控窗口属性"设置窗口。在该设置窗口中有 5 个属性设置页："基本属性"、"启动属性"、"内存属性"、"系统参数"、"存盘参数"。每个属性设置页的具体设置如图 6-20 所示。

窗口标题为"配料系统组态工程"，在 MCGS 运行环境下，其主控窗口将按此标题显示。菜单设置为"有菜单"，设置封面窗口的显示时间为 6，系统运行权限为"所有用户"，登录方式为"进入不登录，退出登录"。系统有设置在启动时自动运行的用户窗口和直接从内存中调用的用户窗口。系统参数和存盘参数可以依据系统的运行环境来设定。

图 6-19　"分隔线"的属性设置

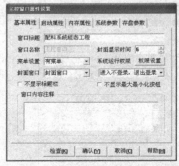
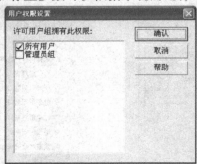

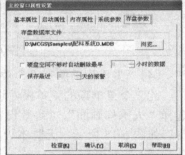

图 6-20　配料系统主控窗口的属性设置

120

6.3　MCGS 的安全机制组态

6.3.1　工程密码和试用期的设定

给正在组态或已完成的工程设置密码，可以保护该工程不被别人打开使用或修改。设置密码后使用 MCGS 来打开这些工程组态环境时，首先弹出输入框要求输入工程的密码，如密码不正确则不能打开该工程的组态环境，从而防止无关人员进入组态环境修改应用工程。

设置密码的方法是：在组态环境下，选择"工具"菜单的"工程安全管理"→"工程密码设置"命令，就会弹出如图 6-21 所示的设置或修改密码的窗口。

当设置了密码后，重新进入组态环境时，将出现如图 6-22 所示的"输入工程密码"的窗口，只有正确输入了密码才能进入到工程组态环境。

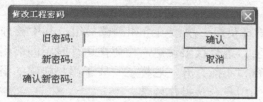

图 6-21　设置或修改密码的窗口

图 6-22　运行时输入密码

为了保证开发者的利益得到及时的回报，MCGS 提供了设置工程运行期限的功能，到一定的时间后，如得不到应得的回报，则可通过多级密码控制系统的运行或停止。

运行时工作的流程是：当第一次试用期限到达时，弹出显示提示信息的对话框，要求输入密码，如不输入密码或密码输入错误，则以后每小时再弹出一次对话框；如正确输入第一次试用期限的密码，则能正常工作，直到第二次试用期限到达；如直接输入最后期限的密码，则工程解锁，以后永远正常工作。第二次和第三次试用期限到达时的操作相同，但如密码输入错误，则退出运行。当到达最后试用期限时，如不输入密码或密码错误，则 MCGS 直接终止，退出运行。实际应用中，请酌情使用本功能和提示信息的措辞，尽可能多给对方一些时间，多留一点余地。

注意：在运行环境中，直接按快捷键 Ctrl+Alt+P 弹出密码输入窗口，正确输入密码后，可以解锁工程运行期限的限制。

MCGS 工程试用期限的限制是和本系统的软件狗配合使用的，简单地改变计算机的时钟改变不了本功能的实现。"设置密码"按钮用来设置进入本窗口的密码。有时候，MCGS 组态环境和工程必须一起交给最终用户，该密码可用来保护本窗口中的设置，却又不影响最终用户使用 MCGS 系统。

设置试用期的方法是：在组态环境下，选择"工具"菜单的"工程安全管理"→"工程运行期限设置"命令，就会弹出如图 6-23 所示的"设置工程试用期限"窗口。在工程试用期限设置窗口中最多可以设置 4 个试用期限，每个期限都有不同的密码和提示信息。

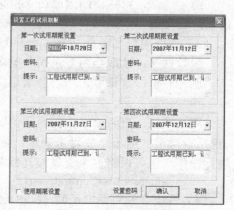

图 6-23　设置运行期限

6.3.2 工程权限的设定

对于大型系统，各类操作人员较多，从工程运行的安全角度来说，有必要对各类操作人员进行权限设定，让每个操作人员仅能完成自己所负担的操作，从而达到责任明确、防止误操作的情况发生。下面将举例说明如何进行工程权限的设定。

下面以自动老化台测试系统为例，说明其权限设定方法。

1. 系统简介

BL-3 自动老化台测试系统的权限要求在 1.3 节中已介绍，具体来说，系统的使用分为管理员、质检员和测试员三个级别。管理员级别最高，可以对其他用户进行管理，如添加和删除用户等；质检人员有设定和修改各项被测参数的指标及误差范围的权限，但无操作权；测试人员有操作权，但没有设定和修改各项被测参数的指标及误差范围的权限。

在 MCGS 中若完成上述要求，首先要建立若干拥有不同权限的用户组，本例是建立三个用户组（每个用户组可以有多个用户），即管理员组、质检员组和测试员组，其中管理员组是系统默认的必须有的，然后把所有的用户窗口进行权限设定，使得在运行时不同的用户组成员只能打开自己拥有权限的窗口，而其他窗口不能打开，这样就完成了用户权限的组态。下面在介绍具体组态之前要先介绍几个相关的用户登录操作函数。

2. 用户登录操作函数

（1）密码修改函数 !ChangePassword()

函数意义：弹出密码修改窗口，供当前登录的用户修改密码。

返 回 值：数值型。返回值=0：调用成功；<>0：调用失败。

参　　数：无。

用　　法：可将该函数放在下拉菜单项的脚本程序中，当运行时，单击该菜单项就会弹出密码修改窗口，如图 6-24 所示。

（2）用户管理函数 !Editusers()

函数意义：弹出用户管理窗口，供管理员组的操作者配置用户。

返 回 值：数值型。返回值=0：调用成功；<>0：调用失败。

参　　数：无。

用　　法：可将该函数放在下拉菜单项的脚本程序中，当运行时，单击该菜单项就会弹出用户管理窗口，如图 6-25 所示。

（3）读取用户名函数 !GetCurrentUser()

函数意义：读取当前登录用户的用户名。

返 回 值：字符型，当前登录用户的用户名，如没有登录返回空。

参　　数：无。

用　　法：可将该函数的返回值赋值给一个变量，也就是说可以将正在进行操作的用户（包括管理员）用一个变量来表示，如果在运行的用户窗口中显示这个变量就可以知道谁在进行操作，也可以将这个变量与其他数据一起存盘，以备打印报表和查询使用。例如：

getuser = !GetCurrentUser()

（4）弹出登录对话框函数 !LogOn()

函数意义：弹出登录对话框。

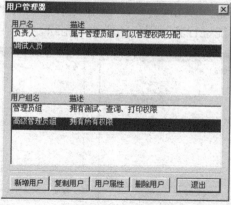

图 6-24　密码修改窗口　　　　　　　　图 6-25　用户管理窗口

返　回　值：数值型。返回值=0：调用成功；<>0：调用失败。

参　　　数：无。

用　　　法：可将该函数放在下拉菜单项的脚本程序中，当运行时，单击该菜单项就会弹出登录对话框，如图 6-26 所示。

3. 组态

先在主控窗口建立如图 6-27 所示的下拉菜单，建立方法可参考 6.2.2 节，这里不再重复。

图 6-26　登录对话框

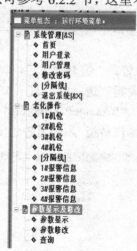

图 6-27　老化系统主控窗口的菜单组态窗口

在图 6-27 中，"老化操作"的 8 个窗口的权限为测试员。"参数显示及修改"中的"参数修改"窗口的权限为质检员。"系统管理"中的"用户管理"窗口的权限为管理员。

下拉菜单建立好后，双击"用户登录"项，进行"菜单属性"、"脚本程序"和"权限设置"这三项组态，如图 6-28 所示。其中，在"菜单属性"中选择"普通菜单项"，在脚本程序中，"!LogOn()"为弹出登录对话框函数，"!GetCurrentUser()"为读取用户名函数。"权限设置"选择"全体用户"，这是因为所有用户窗口都有相应的权限，因此任何用户（包括管理员）都必须先进行用户登录才能进入相应的窗口。

"用户登录"组态完成后，双击图 6-27 中的"用户管理"，进行"菜单属性"、"脚本程序"和"权限设置"这三项组态，如图 6-29 所示。在"菜单属性"中选择"普通菜单项"，在脚本程序中，"!Editusers()"为用户管理函数。"权限设置"选择"管理员组"，这是因为只有管理员才能进行其他用户的增加或删除。

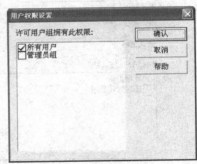

图 6-28　用户登录菜单组态窗口

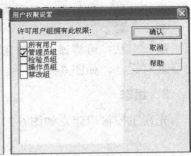

图 6-29　用户管理菜单组态窗口

　　"用户管理"组态完成后，双击图 6-27 中的"修改密码"，进行"菜单属性"、"脚本程序"和"权限设置"这三项组态，如图 6-30 所示。在"菜单属性"中选择"普通菜单项"，在脚本程序中，"!ChangePassword()"为密码修改函数。"权限设置"选择"管理员组"、"检验员组"和"操作员组"，因为各组用户都有修改自己密码的权利。

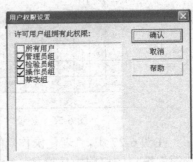

图 6-30　用户修改密码菜单组态窗口

　　然后对图 6-27 中的其他用户窗口进行权限设定。下面以"1#机位"窗口为例，在图 6-27 中单击"1#机位"，在"菜单属性设置"中单击"权限"，在"权限"中选择"操作员组"如图 6-31 所示。通过以上设置，在运行时只有操作员组的成员才能进入"1#机位"窗口。

4．运行效果

　　图 6-32 是"用户登录""用户管理"和"修改密码"这三个菜单项运行时的效果图。

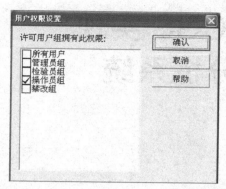
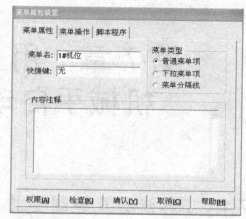

图 6-31 "1#机位"权限组态窗口

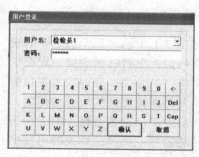
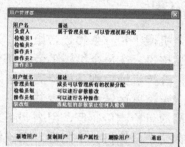

图 6-32 "用户登录""用户管理"和"修改密码"运行时的效果图

习 题 6

6-1 主控窗口的主要功能是什么？

6-2 什么是启动属性和内存属性？

6-3 封面和启动窗口有什么区别？

6-4 权限设置的作用是什么？如何设置权限？

6-5 某控制系统有 5 个用户窗口，请完成相应的主控窗口的组态。组态要求如下：

① 建立下拉菜单。

② 5 个用户窗口分别由 5 位操作人员操作，为每人设定各自的权限。

③ 运行时每个用户窗口能显示出操作人员的名字（名字自定）。

6-6 在某系统的用户管理器中添加一用户，用户名为 student，密码为 1234。在启动策略中利用脚本程序实现用户登录，要求登录成功后显示已创建的用户窗口"窗口 0"。

第7章　用MCGS实现
机械手自动分拣系统

7.1　工作流程及控制要求

7.1.1　系统的工作流程

机械手分拣系统主要由三个机械手和一条传送带组成,如图7-1所示。三个机械手的功能分别是上料、正品拣拾和次品拣拾,在每个机械手旁边都有料盒。上料机械手按一定要求将待分拣产品放置在传送带上,分拣机械手则是按检测的结果将产品分类,分别放入各自旁边的料盒中。传送带按要求以一定速度运转,其上安装有三个间隔距离相同的位置传感器,第一个位置,传感器旁装有产品质量检测传感器,用来判断当前的产品是否合格;第二个和第三个位置,传感器分别放置在两个分拣机械手附近,当该传感器感应到产品到来时可发出信号以驱动相应机械手动作。

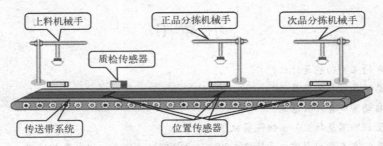

图7-1　机械手分拣系统组成结构图

选用的机械手均为四自由度气动机械手,即机械手在工作时可以进行升降、伸缩、旋转和气爪的抓放运动,在升降、伸缩和旋转运动的两个终端各安装有一对限位开关,当机械手运动到某方向的极限位置时,相应限位开关会发出"到达"信息,这样便可反映出机械手的位置状态,以便其进行下一步的操作。系统中安装有气缸,机械手的动作由气缸驱动。

为保证系统的正常运行,分拣系统应具有自动和人工(手动)控制功能。即在自动分拣时,不需要任何人工干预,各机械手和传送带能够自动地按照程序设定进行相应的操作,正确地实现产品的分拣,当系统出现故障时,可以实时报警,能够实现产品数目的统计,并给出相应的合格率和次品率;在人工控制方式下,可以人为地控制各机械手及传送带的运动,它们各自的工作是独立不相关的,每个机械手的受控情况如图7-2(a)所示,传送带的受控情况如图7-2(b)所示。各传感器及限位开关能够正常工作,反映位置状态信息。同时,手动控制和自动控制之间可以实现合理地切换,避免系统工作出错。

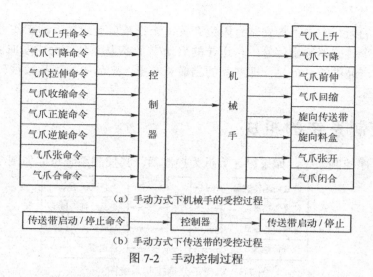

（a）手动方式下机械手的受控过程

传送带启动/停止命令 → 控制器 → 传送带启动/停止

（b）手动方式下传送带的受控过程

图 7-2　手动控制过程

7.1.2　系统的控制要求

应用 MCGS 实现自动分拣控制系统，依据工作流程应实现以下功能：

（1）手动控制方式下，可人工通过运行画面中的按钮驱动其完成相应的动作，各机械手和传送带的工作是独立的，即机械手沿某一方向（伸缩）运动时，也可同时沿其他方向（升降）运动。传送带的运动也可通过按钮来控制。系统运行时显示终端的动画效果应与实际机械手的运动趋势一致。

（2）自动控制方式下，各机械手和传送带按程序设定工作。要求：

① 传送带按间歇方式工作，除在上料和产品捡拾时处于停止状态，其他时间连续运转。

② 初始时，传送带停止，上料机械手实现上料操作，完成后启动传送带；当产品运行到位置传感器 1 时，传送带停止，进行产品质量检测，判断其是否合格，同时上料机械手再进行上料，完成后启动传送带。

③ 两个产品同时分别到达位置传感器 1 和位置传感器 2，传送带停止，系统判断位置传感器 2 处的产品是否合格，如合格驱动正品分拣机械手动作，位置传感器 1 处的产品接受质量检测，记录该产品的质量信息，同时上料机械手再进行上料，完成后启动传送带。

④ 传送带上同一时刻至少有 2 个产品进行传送，它们将同时到达位置传感器 1、2，或者还有位置传感器 3，到达后传送带停止。在 4 个位置分别完成各自的工作：上料机械手完成上料，质检传感器实现位置传感器 1 处产品的质量检测，如果有正品或次品接近相应的分拣机械手，该机械手要动作将对应产品拣出来。但是除自动分拣系统刚开始运行外，即如果传送带上有 2 个或以上产品进行传送时，若没有次品靠近次品机械手，则位置传感器 1 和 2 需同时发出感应信号；而当有次品靠近次品机械手，则位置传感器 1、2 和 3 需同时发出感应信号（有微小偏差时可通过延时忽略），否则视为系统发生故障，必须产生报警信息。系统运行时的动画效果应与实际机械手的运动趋势一致。

（3）为保证自动控制和手动控制的合理切换，在自动工作转向手动控制时，系统状态暂停，即各机械手和传送带停止运动，然后控制器在未接到人工控制信号时，不向各机械手和传送带发送运转命令；在手动控制转换到自动控制时，需要先将所有机械手的状态恢复初始状态，再启动自动运行程序，传送带以一定速度间歇运转。

（4）机械手的运行方向上均安装有限位开关，无论是自动或是手动工作方式下，各限位开关的状态、每个传感器输出信号、传送带的启动/停止应从系统画面中实时的体现出来。

（5）能够有产品的统计信息，即产品的当前总产量、产品中的正品数目、次品数目以及合格率的动态显示。

7.2　控制系统的组成

这是一个程序控制系统，如果以计算机为控制器，其控制系统组成如图 7-3 所示。

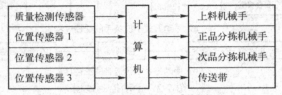

图 7-3　机械手分拣控制系统图

由图 7-3 可以看出，计算机作为控制单元，其输入信号为 4 个传感器发出的开关量信号以及机械手反馈的状态信息（限位开关指示），输出信号则用来控制各个机械手的动作和传送带的运转。

但仅采用计算机无法实现外部信号的采集以及控制信号的输出，此时需采用相应的外部设备与计算机连接，作为计算机与机械手及各传感器进行信息交换的接口设备。从 7.1 节的分析中得知，本系统的输入量、输出量均为开关量，这里选择中泰采集板卡 PCI-8405 和 PCI-8407 作为接口实现信号传递，PCI-8405/8407 是光隔离开关量输入/输出接口卡，具有即插即用（PnP）的功能，由于采用了光电隔离技术，使计算机与现场信号之间完全隔离，提高了计算机与板卡在工作中的抗干扰能力和抗损毁能力。其中，PCI-8405 的所有 32 路输入信号均可通过 CPU 巡检方式工作，且 32 路开关量输入信号的低端共地；PCI-8407 的开关量输出为 32 路共地方式，具有上电后自动清零功能。将中泰板卡 PCI-8405 和 PCI-8407 插入计算机的 PCI 槽中，再通过 37 芯 D 型插头从主机后面引出并与外部线路连接，系统的信号采集与输出控制组成如图 7-4 所示。

从图 7-4 可看出，系统的输入开关量共有 22 个，即 4 个传感器状态输入和 3 个四轴机械手在 6 个方向上的限位开关状态，依次将这 22 个开关量接在 PCI-8405 的 A 组 ch1～ch16 和 B 组 ch17～ch22 通道。系统的输出开关量共有 25 个，即 3 个机械手的 8 种动作及传送带的启/停控制，将 PCI-8407 的 A 组 ch1～ch16 和 B 组 ch17～ch25 通道分别连接在继电器的输入回路中，其中 24 个继电器的控制输出端与电磁阀的受控端相连，驱动机械手运动的气信号所在气路需通过这些电磁阀。这样，PCI-8407 的输出信号可控制对应电磁阀的通断，从而控制气路的导通和截止，决定了机械手是否受到气缸的驱动而产生运动。第 25 个继电器的控制输出端与驱动传送带工作的电机连接。

这样，从硬件上实现了对 22 个开关量状态的读入以及 25 个开关量控制信号的输出。

7.3　实时数据库的创建

新建 MCGS 工程文件，命名为"机械手分拣控制系统"。打开实时数据库窗口页进行数据对象的创建，实时数据的定义依据工作需要主要可以分为以下几部分：传送带、控制方式、

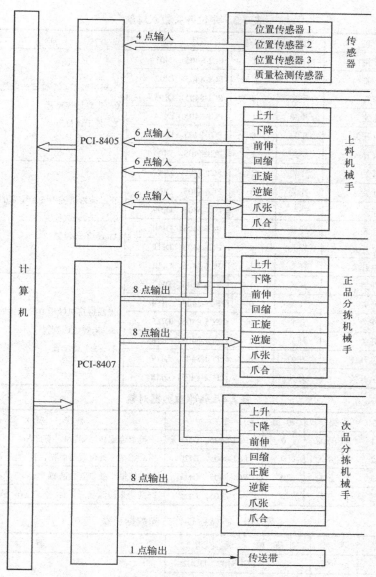

图 7-4　机械手分拣控制系统输入/输出连接

限位开关、传感器、机械手运动方向、动作阶段、产品信息、报警、产量信息，分别如表 7.1~表 7.9 所示。

表 7.1　传送带数据对象

变量名	类型	初值	通道	注释
传送带启/停	开关	0	PCI-8407，DO01	传送带工作状态，1：运转；0：停止
传送带旋转	数值	0		增量，用来体现传送带运行的动画效果

表 7.2　控制方式数据对象

变量名	类型	初值	注释
控制方式	开关	0	1：自动；0：手动

表 7.3　限位开关数据对象

变量名	类型	初值	通道	注释
上料升限位开关	开关	1	PCI-8405，DI01	上料机械手 6 个位置的限位开关 0：未到达该位置 1：处于该位置
上料降限位开关	开关	0	PCI-8405，DI02	
上料伸限位开关	开关	0	PCI-8405，DI03	
上料缩限位开关	开关	1	PCI-8405，DI04	
上料正旋限位开关	开关	0	PCI-8405，DI05	
上料逆旋限位开关	开关	1	PCI-8405，DI06	
正品升限位开关	开关	1	PCI-8405，DI07	正品捡拾机械手 6 个位置的限位开关 0：未到达该位置 1：处于该位置
正品降限位开关	开关	0	PCI-8405，DI08	
正品伸限位开关	开关	0	PCI-8405，DI09	
正品缩限位开关	开关	1	PCI-8405，DI10	
正品正旋限位开关	开关	0	PCI-8405，DI11	
正品逆旋限位开关	开关	1	PCI-8405，DI12	
次品升限位开关	开关	1	PCI-8405，DI13	次品捡拾机械手 6 个位置的限位开关 0：未到达该位置 1：处于该位置
次品降限位开关	开关	0	PCI-8405，DI14	
次品伸限位开关	开关	0	PCI-8405，DI15	
次品缩限位开关	开关	1	PCI-8405，DI16	
次品正旋限位开关	开关	0	PCI-8405，DI17	
次品逆旋限位开关	开关	1	PCI-8405，DI18	

表 7.4　传感器数据对象

变量名	类型	初值	通道	注释
位置传感器 1	开关	0	PCI-8405，DI19	质检点位置传感器，1：有产品
位置传感器 2	开关	0	PCI-8405，DI20	正品机械手处位置传感器，1：有产品
位置传感器 3	开关	0	PCI-8405，DI21	次品机械手处位置传感器，1：有产品
质量检测传感器	开关	0	PCI-8405，DI22	产品质量检测状况，1：正品；0：次品

表 7.5　机械手动作方向数据对象

变量名	类型	初值	通道	注释
上料升	开关	0	PCI-8407，DO02	上料机械手 4 个方向的运动控制和气爪状态的控制命令，1：输出控制信号
上料降	开关	0	PCI-8407，DO03	
上料伸	开关	0	PCI-8407，DO04	
上料缩	开关	0	PCI-8407，DO05	
上料正旋	开关	0	PCI-8407，DO06	
上料逆旋	开关	0	PCI-8407，DO07	
上料爪张	开关	0	PCI-8407，DO08	
上料爪缩	开关	0	PCI-8407，DO09	
正品升	开关	0	PCI-8407，DO10	正品捡拾机械手 4 个方向的运动控制和气爪状态的控制命令，1：输出控制信号
正品降	开关	0	PCI-8407，DO11	
正品伸	开关	0	PCI-8407，DO12	
正品缩	开关	0	PCI-8407，DO13	
正品正旋	开关	0	PCI-8407，DO14	

变 量 名	类 型	初 值	通 道	注 释
正品逆旋	开关	0	PCI-8407，DO15	
正品爪张	开关	0	PCI-8407，DO16	
正品爪缩	开关	0	PCI-8407，DO17	
次品升	开关	0	PCI-8407，DO18	
次品降	开关	0	PCI-8407，DO19	
次品伸	开关	0	PCI-8407，DO20	
次品缩	开关	0	PCI-8407，DO21	次品捡拾机械手6个方向的运动控制和气爪状态的控制命令，1：输出控制信号
次品正旋	开关	0	PCI-8407，DO22	
次品逆旋	开关	0	PCI-8407，DO23	
次品爪张	开关	0	PCI-8407，DO24	
次品爪缩	开关	0	PCI-8407，DO25	

表 7.6　系统工作阶段数据对象

变 量 名	类 型	初 值	注 释
机械手上料阶段	开关	0	1：可进行上料操作 0：禁止上料
上料阶段	数值	0	变化范围0～9，分别反映上料时机械手各个方向的运动情况
正品阶段	数值	0	变化范围0～9，分别反映正品捡拾时机械手各个方向的运动情况
次品阶段	数值	0	变化范围0～9，分别反映次品捡拾时机械手各个方向的运动情况
上料结束	开关	0	1：上料结束
正品分拣结束	开关	0	1：正品分拣结束
次品分拣结束	开关	0	1：次品分拣结束
检测阶段	开关	0	1：进行位置检测和质量检测

表 7.7　产品信息数据对象

变 量 名	类 型	初 值	注 释
检测工件	开关	0	位置传感器1处产品的质量，1：正品
正品工件	开关	0	位置传感器2处产品的质量，1：正品
次品工件	开关	0	位置传感器3处产品的质量，1：次品

表 7.8　报警数据对象

变 量 名	类 型	初 值	注 释
光报警	开关	0	光报警信号，1：有报警
声报警	开关	0	声报警信号，1：有报警
检测延时启动	开关	0	
检测延时停止	开关	0	当位置传感器1、2或3未同时传出产品到达信息时，进行1秒延时，定时器所需变量，1秒后，若位置传感器1、2或3都感应到产品，则为正常，否则报警
检测延时到	开关	0	
检测延时	数值	0	

表 7.9　产量数据对象

变 量 名	类 型	初 值	注 释
总产量	数值	0	
正品产量	数值	0	各类产品的产量，其存盘方式为变化量为1是自动存盘，为保存该信息，应设置为"系统退出时，保存当前值为初始值"
次品产量	数值	0	
合格率	数值	0	正品产量/总产量×100%；有2位小数，间隔60秒存盘

这些是实现机械手分拣系统的必要变量，还需一些支持动画效果的开关或数值型数据对象、使用定时器的相关数据以及反映工作阶段的变量等，根据设计的进程可逐步添加，这里不再赘述。

有关传送带的数据有 2 个，即"传送带启停"和"传送带旋转"，分别是开关型和数值型，无存盘和报警属性。在实时数据库窗口中，各新建一个开关型和数值型对象，将其基本属性设置如图 7-5 所示，则实现了这两个对象的建立。

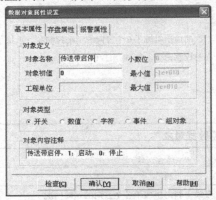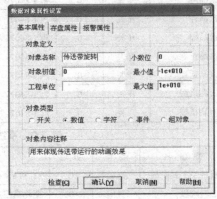

图 7-5　传送带数据建立

产品信息数据有 4 个，新建数值型数据对象"总产量"，根据注释要求设定其存盘属性如图 7-6 所示。"正品产量"和"次品产量"的建立和属性设置与"总产量"相同。

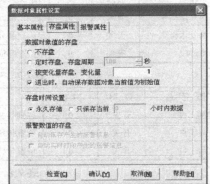

图 7-6　"总产量"的属性设置

"合格率"的属性设置如图 7-7 所示。

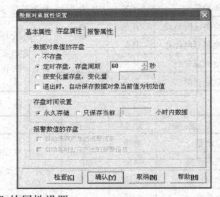

图 7-7　"合格率"的属性设置

依据第 2 章中介绍的方法，建立上述各表中每个数据对象并对其相关属性进行设定，实时数据库组态的结果如图 7-8 所示。

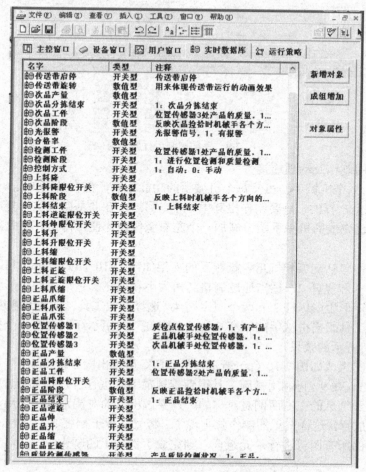

图 7-8　机械手分拣系统实时数据库组态结果

7.4　系统的画面制作与动画连接

控制系统的画面主要分为两个运行界面，即手动运行界面和自动运行界面，分别实现手动分拣控制和自动分拣控制。因此新建两个用户窗口：手动分拣、自动分拣。将手动分拣设置为启动窗口。

7.4.1　手动分拣系统画面设计与动画连接

手动控制系统用户画面设计如图 7-9 所示，依据系统要求主要分为 4 部分：机械手控制系统工艺流图、机械手各运动方向的操作按钮、传送带控制按钮、控制方式显示。

1. 机械手控制系统工艺流程图

该系统的组成部分多，制作过程较为复杂，按其结构，主要可分为机械手、传送带和质检传感器的制作。

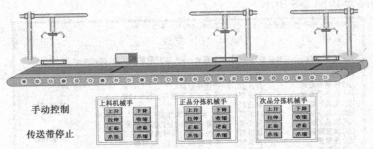

图 7-9　手动控制运行界面

（1）机械手的制作及动画连接

该系统中有 3 个机械手，虽然每个机械手的功能不同，但在外形上是一致的，其中 2#和 3#机械手是完全一样的，只要制作出其中一个，另一个在此基础上进行复制即可获得。而 1#机械手只需将已完成的机械手图符施加一个左右镜像操作便可得出。因此，需要先做出一个机械手图符。

机械手的制作包括支架和气爪。机械手的支架如图 7-10（a）所示，利用工具箱中的圆角矩形生成横杆 1 和竖杆 2，适当通过调整圆角大小和填充颜色形成图中形状；同样，利用工具箱中的直角矩形生成纵杆 3 和两个固定端 4；选择直线工具，调整其宽度绘制出推杆 5；最后，应用椭圆工具画出机械手的底座 6 和 6 个限位开关指示灯，调整每个构件的图层使其达到图 7-10（a）所示的效果。

机械手气爪的组成如图 7-10（b）所示，用直角矩形画出固定块 7，用任意多边形工具绘制出图符 8，画出直线 9，再利用椭圆工具得到旋转轴 10。进行合理排列布置为如图 7-10（b）所示的形状。由于气爪的左右两侧是对称的，只要做出爪的左侧，右侧采用左右镜像可以得到，按图中形状放置，这样气爪的制作就实现了。将气爪置于推杆 3 的下方，如图 7-9 所示，通过对绘制得到的所有图符进行单元组合，则完成了机械手的制作。

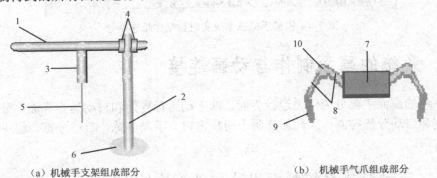

（a）机械手支架组成部分　　　　　　　（b）机械手气爪组成部分

图 7-10　机械手的组成

为保证机械手在运行环境中的画面显示效果与实际工作状态相符，需要对组成机械手的各个构件进行合理的动画连接。

机械手在工作时要实现 6 个方向（升降、伸缩和旋转）、气爪的开闭以及限位开关状态指示的动画效果，如图 7-11 所示，这些变化过程通过肉眼观察应是连续的。

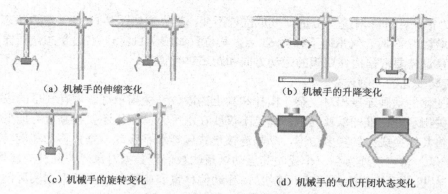

（a）机械手的伸缩变化　　　　　　　　　　（b）机械手的升降变化

（c）机械手的旋转变化　　　　　　　　　　（d）机械手的气爪开闭状态变化

图7-11　机械手动作的动画效果

① 伸缩变化的动画连接

在这种变化过程中，安装气爪的竖杆、推杆及气爪要同时在水平方向运动，如图7-11（a）所示，因此需要对这些构件设置水平移动动画效果。连接的数据对象为一个反映其伸缩运动方向增量的数值型数据对象（图7-12体现的是正品捡拾机械手的伸缩动画连接，连接到的数据对象为"正品杆伸缩增量"）。在运行环境中，当"正品杆伸缩增量"=0时，构件处于初始位置，其最小水平偏移量是0，为图7-11（a）中右边机械手状态。随着"正品杆伸缩增量"值的不断增长，构件逐渐进行水平移动，当"正品杆伸缩增量"=3时，构件水平移动了最大移动偏移量对应的点数。本系统中这些构件的最大偏移量为-67，即向左移动了67点，位置处于最左侧，为图7-11（a）中左边机械手状态。

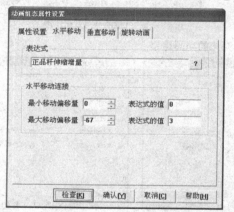

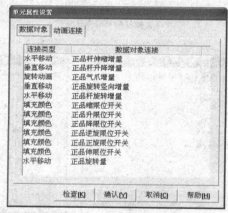

图7-12　伸缩变化的动画连接

"正品杆伸缩增量"值的大小可在运行策略中修改，移动偏移量需要根据构件期望的运动方向和距离大小进行调节。在运行环境中，当偏移量连续变化时，可以看到机械手在水平方向的匀速运动。

② 升降变化的动画连接

升降变化过程中，安装气爪的推杆在竖直方向作大小变化，而气爪要在竖直方向运动。分别将它们连接到一个反映其升降运动增量的数值型数据对象"正品杆升降增量"（图 7-13体现的是正品机械手的升降动画连接）。推杆的动画连接如图7-13（a）所示，变化的方向自上而下，为剪切方式，在运行环境下，当"正品杆升降增量"=0时，只显示该推杆长度的10%，当"正品杆伸缩增量"=3时，显示该推杆长度的70%。气爪的动画连接如图7-13（b）

所示，当"正品杆升降增量"=0 时，气爪位置不变，其位置如图 7-11（b）左边状态，当"正品杆伸缩增量"=3 时，气爪向下移动 63 点，其位置如图 7-11（b）右边状态。同样，百分比和移动偏移量需要根据构件期望的运动方向和距离进行调节。

③ 旋转变化的动画连接

旋转变化的动画连接相对复杂，横杆和其上的限位开关指示灯、带有气爪的纵杆和其上的限位开关指示灯、推杆以及气爪，都是不仅要在水平方向变化还要在竖直方向变化。对于横杆，先将其转换成为旋转多边形，动画连接形式包括水平移动、垂直移动和旋转动画，如图 7-14 所示。将它们连接到一个反映其运动增量的数值型数据对象"正品杆旋转增量"（图 7-14 是正品机械手横杆的旋转动画连接），移动偏移量和旋转角度需要根据实际的运动方向和位置进行调节。

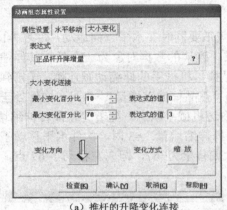

（a）推杆的升降变化连接

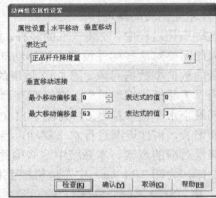

（b）气爪的升降变化连接

图 7-13　升降变化的动画连接

图 7-14　横杆旋转的动画连接

同样的方法，设置横杆上的限位开关指示灯、带有气爪的纵杆和其上的限位开关指示灯、推杆以及气爪的动画连接。在运行环境中，可以实现图 7-11（c）中左图到右图的连续动画效果。

④ 气爪开闭的动画连接

将构成气爪的各个图符转换为旋转多边形，对旋转属性进行设置，便可实现旋转效果，使得气爪按图 7-15 所示的趋势变化。

图 7-15　气爪闭合的趋势

先对气爪左侧的部分进行动画连接，如图 7-16 所示。对每个构件添加旋转动画连接，将它们连接到一个反映其运动增量的数值型数据对象（图 7-16 是正品机械手气爪左侧部分的张/合动画连接），旋转角度需要根据实际的运动方向和位置进行调节，使其在最小到最大旋转角度变化时能够实现图 7-15 所示的变化过程。

完成了气爪左侧部分的动画连接，只需将右侧部分构件旋转动画页面中的最大旋转角度改为左侧部分最大旋转角度的相反数，这样在运行时，它们的运动将是一致的，即：同时向外张开或者同时向内闭合。

⑤ 限位开关状态指示的动画连接

每个机械手共有 6 个限位开关，分别体现机械手工作时的 6 个极限位置，其状态由图 7-10 (a) 中的 6 个指示灯反映。因此，需将这 6 个指示灯连接到相应的输入限位开关信号。

图 7-17 为正品机械手伸缩运动中的伸限位开关指示灯的动画连接。选择动画连接方式为填充颜色，当该限位开关状态为 0 时，显示绿色；当该限位开关状态为 1 时，显示红色。同样的方法，设置正品分拣机械手其他 5 个限位开关指示灯的动画连接。

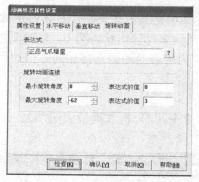

图 7-16　气爪的旋转动画连接

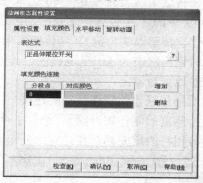

图 7-17　伸限位开关指示灯动画连接

依此方法，即可设置出上料机械手和次品分拣机械手的 12 个限位开关指示灯的动画连接。

（2）传送带的制作及动画连接

传送带的原型可从对象元件库中选取，如图 7-18 所示。

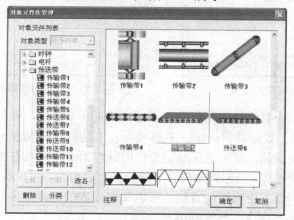

图 7-18　传送带原型

为增加色彩和动画效果（如图 7-19 所示），可对其作如下改造：在平台上平铺一条窄的传送带 1，先画出一个矩形，将其转化多边形，调整 4 个边角的位置即可得到菱形形状；同理，做出图中 2 标出的 3 个菱形状，用来体现位置传感器；对于下侧的多个圆环，为反映动画效果，可将外环 3 转换为旋转多边形，线型换为虚线，内环 4 中可填充不同的色彩以增强视觉效果；最后将整个制作部分单元组合。

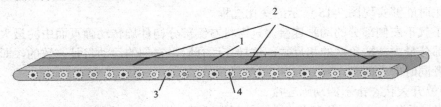

图 7-19　传送带构件的制作

传送带系统的动画显示部分主要体现传送带运转的如图 7-19 所示的圆环 3 的旋转效果以及位置传感器颜色的变化。

将图 7-19 的每个虚线圆环转换为旋转多边形，设置为旋转动画连接方式，如图 7-20 所示，使其在传送带运转时在 0～360° 之间变化。

图 7-19 中的 3 个位置传感器的动画连接可通过其填充颜色来反映，具体设定如图 7-21 所示（以位置传感器 2 为例）。当传感器未感应到产品到来时输出状态为 0，呈现紫色；当有产品到达时输出状态为 1，呈现黄色。其他 2 个位置传感器的动画连接相同，但表达式应连接到相应的数据对象上。

（3）质检传感器的制作及动画连接

质检传感器的制作相对简单，绘制 2 个矩形框和 2 个圆形，将其摆放成图 7-22 所示效果，适当调整各图符的填充颜色并进行单元组合，即可完成。

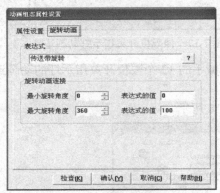

图 7-20　传送带运转的动画连接

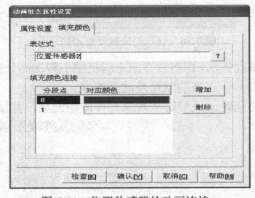

图 7-21　位置传感器的动画连接

按要求其左侧的框中显示检测的数目，该框实质是一个标签，设置其动画连接为显示输出，连接到"检测数目"数据对象，如图 7-23 所示；右边的 2 个圆形分别反映处于位置传感器 1 的产品是正品或是次品，如果是正品，左边的绿灯闪烁，反之右侧的红灯闪烁。图 7-24 为绿灯的动画连接设置过程，当位置传感器 1 感应到产品到来，同时质检传感器输出为 1 时，表明是正品，则绿灯闪烁。用同样的方法，可以设置红灯的动画效果。

储料盒可采用矩形和直线工具绘制得到。

2．控制方式显示

选用 1 个标签，填充"手动控制"，摆放至图 7-9 相应位置。

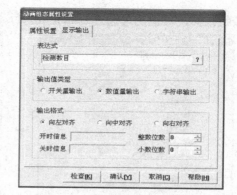

图 7-23　检测数目显示的动画连接

图 7-22　质检传感器的制作

手动向自动的切换可以通过单击"手动方式"的标签实现。对该标签使用按钮动作动画连接，"手动控制"按钮的功能为打开用户窗口"自动分拣"，关闭用户窗口用"手动分拣"，"数据对象值操作"可将"控制方式"置1，如图 7-25 所示。

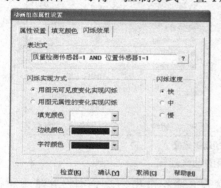

图 7-24　质检结果（正品）显示的动画连接

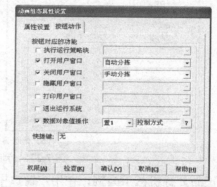

图 7-25　手动→自动切换标签的动画连接

3．传送带控制按钮制作和动画连接

传送带控制按钮的作用有两个：控制传送带的状态、体现传送带的状态。制作该画面可以选用 2 个标签，将其完全重叠，其中一个用红色字符"传送带停止"填充，另一个用绿色字符"传送带启动"填充，如图 7-26 所示。

传送带启动　　　　**传送带停止**

图 7-26　传送带控制按钮的制作

为使得传送带的启动/停止，可单击"传送带启动/停止"标签实现，即当显示"传送带启动"字样时，传送带处于运转状态，单击该标签，则传送带停止，同时显示"传送带停止"，反之相同。"传送带启动"标签的动画连接形式为按钮动作和可见度设置，当单击该标签时，数据对象"传送带启停"清零，当"传送带启停"=1 时，字符"传送带启动"是可见的，否则不可见，如图 7-27（a）所示。图 7-27（b）为标签传送带停止的动画连接过程。

4．机械手动作按钮制作及动画连接

三个机械手的运动趋势完全相同，均为：升降方向，伸缩方向，旋转方向和气爪的张开与闭合控制。说明：要完全掌握一个机械手的动作，需要 8 个控制按钮，只要完成一个机械

手的一组按钮画面，其他的可通过复制完成。

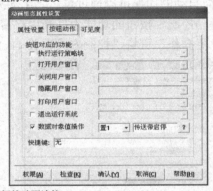

（a）传送带启动按钮的动画连接

（b）传送带停止按钮的动画连接

图 7-27　传送带启/停的动画连接

以正品分拣机械手为例，在用户窗口中整齐排列 8 个标准按钮，分别将其基本属性中的按钮标题改为：上升、下降、拉伸、收缩、正旋、逆旋、爪张和爪缩。在所有按钮上添加标签，显示字符为"正品分拣机械手"，为增强效果可在其外围增加矩形边框，如图 7-28 所示。最后进行单元组合，得到正品分拣机械手的控制按钮的画面。将组合后的构件复制 2 份，分别将标签中的内容改成"上料机械手"和"次品分拣机械手"，摆放至图 7-28 所示位置。

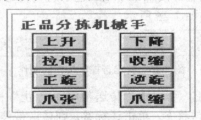

图 7-28　机械手控制按钮的制作

以正品分拣机械手的伸缩方向为例，有"拉伸"和"收缩" 2 个按钮，其动画设置方式如图 7-29 所示。图（a）为"拉伸"按钮的连接属性，单击该按钮，"正品伸"置 1。为了防止当机械手正处于收缩状态时这两种运动趋势矛盾，在脚本程序中添加语句"正品缩=0"，这样机械手只具有拉伸方向的运动。同理，设置收缩按钮的动画连接，如图 7-29（b）所示。

按照这种方式成对设置机械手动作按钮的动画连接，即：伸缩方向、升降方向、旋转方向和气爪动作各为一对，便可完成所有 24 个机械手动作按钮的动画设置。

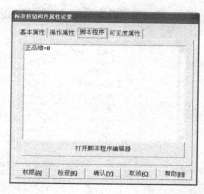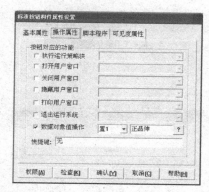

（a）拉伸按钮的动画连接

图 7-29　伸缩按钮的动画连接

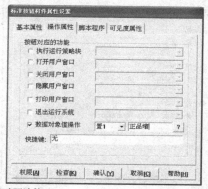

（b）收缩按钮的动画连接

图 7-29　伸缩按钮的动画连接（续）

7.4.2　自动分拣系统画面设计与动画连接

自动控制系统用户画面设计如图 7-30 所示，依据系统要求主要分为 4 部分：机械手控制系统工艺流图和控制方式显示、总产量/正品产量/次品产量和合格率显示、报警状态显示。

机械手系统、传送带系统、质检传感器及控制方式的显示图形与手动系统的画面基本一致，只需将手动系统用户窗口中的画面复制到自动系统用户窗口的画面中，并进行相应位置调整。各机械手、传送带的动画连接方法也与手动系统中的连接方式相同。

"自动控制"标签的动画连接正好与手动分拣画面中的"手动方式"相反。"自动控制"的按钮功能为，打开用户窗口则"手动分拣"，关闭用户窗口则"自动分拣"。"数据对象值操作"将"控制方式"清零，如图 7-31 所示。

与手动分拣系统不同的是，该画面中要提供产量信息和报警状态。

在用户窗口中放置 8 个标签，其中 4 个分别填写字符"总产量"、"正品产量"、"次品产量"和"合格率"，去除其边线；另外 4 个标签不添加字符，将其边线改为白色，按图 7-30 位置摆放，最后进行单元组合。

要求不加字符的 4 个标签能够实时的显示左侧标签字符对应的数值，其动画连接均为数值显示输出形式，如图 7-32 所示。然后从对象元件库中的指示灯集中选取合适指示灯作为报警灯，摆放于用户窗口中。报警灯的动画连接如图 7-33 所示。连接数据对象为"光报警"，连接类型为可见度设置，当有报警信号产生时，报警灯指示红色，否则显示绿色。

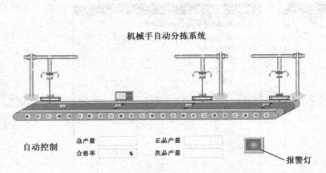

机械手自动分拣系统

自动控制

总产量 [　　　] 正品产量 [　　　]

合格率 [　　] % 次品产量 [　　　]

报警灯

图 7-30　自动控制系统画面

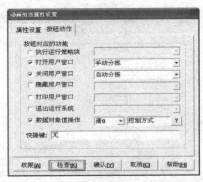

图 7-31　自动→手动切换标签的动画连接

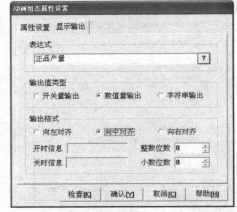

（a）总产量的动画连接

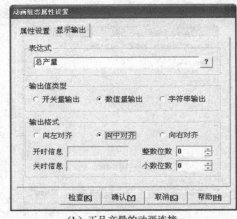

（b）正品产量的动画连接

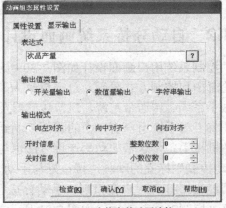

（c）次品产量的动画连接

（d）合格率的动画连接

图 7-32　产品产量信息标签的动画连接

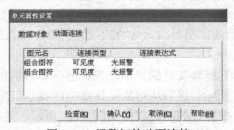

图 7-33　报警灯的动画连接

另外制作 6 个产品，以反映其被装卸过程和被传送过程，按进程调整可见度使其分别处于上料过程、起点至位置传感器 1 运行过程、位置传感器 1 至位置传感器 2、位置传感器 2 至位置传感器 3 运行过程、正品分拣过程、次品分拣过程。工件的制作可以使用矩形或圆角矩形绘制，适当调整其运行时的可见度和填充颜色属性（绿色为正品、红色为次品），即可达到预期效果。

这样，两个用户窗口的画面制作完成了。

7.5　运行策略设计

系统在启动时，不需要完成特殊的操作和功能，因此可以不设置启动策略。主要的系统运行策略都在循环策略中实现，设置循环策略的循环周期为 200ms，按其方式，可以分为自动控制和手动控制策略。但是，手动控制向自动控制切换过程中需要先平衡，即让所有设备先恢复到初始状态（如图 7-1 中各机械手状态），所以还应具备手动和自动切换的策略。其执行过程如图 7-34 所示。

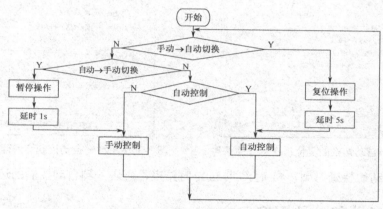

图 7-34　机械手分拣系统总流程图

7.5.1　手动向自动切换

在循环策略中添加脚本程序策略行，命名为手动-自动切换程序，策略执行的条件为控制方式产生正跳变，如图 7-35 所示。

当"控制方式"出现正跳变后，所有机械手的状态要进行复位，即回到初始状态，传送带停止。以图 7-1 中正品机械手初始状态为例，其复位程序如下：

正品缩=1

正品伸=0

正品升=1

正品降=0

正品逆旋=1

正品正旋=0

正品爪缩=1

正品爪张=0

传送带启停=0　　　　　　**//传送带停止**

上料机械手和次品机械手的复位程序相似，只需将以上程序中的"正品"换成"上料"

和"次品"即可。

机械手复位时间设定为 5s，在复位期间，禁止运行手动和自动控制的程序流程。手动→自动切换的 5s 定时器的计时状态为"手_自动切换延时到"，自动→手动切换的 1s 定时器的计时状态为"自_手动切换延时到"，因此在复位过程中需将它们清零，即将两个定时器进行复位操作，同时启动手动→自动切换的 5s 定时器。具体程序如下：

```
手_自动切换延时到=0
自_手动切换延时到=0              //禁止进行手动和自动控制的程序流程
自_手动切换延时启动=0
自_手动切换延时停止=1
手_自动切换延时停止=0           //启动手动→自动控制切换延时定时器
手_自动切换延时启动=1
```

手动→自动控制切换延时定时器的设置如图 7-36 所示。

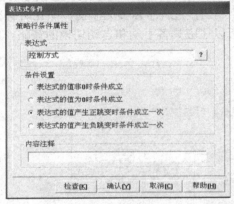 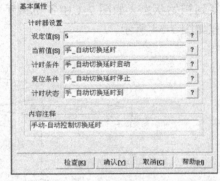

图 7-35　手动→自动切换的复位程序运行的条件　　图 7-36　手动→自动控制切换延时定时器设置

当"手_自动切换延时到"=1 时，即 5s 定时结束，可进入到自动控制的运行策略中。

7.5.2　自动向手动切换

在循环策略中添加脚本程序策略行，命名为自动-手动切换程序，策略执行的条件为控制方式产生负跳变，如图 7-37 所示。

根据要求，当自动运行切换到手动时，所有设备停止运转，即所有输出信号清零，包括各机械手 8 个方向的动作控制及传送带启/停信号。

同样在这期间，禁止运行手动和自动控制的程序流程，因此在切换时需将"手_自动切换延时到"和"自_手动切换延时到"清零，同时启动自动→手动切换的 1s 定时器。具体程序如下：

```
手_自动切换延时到=0
自_手动切换延时到=0              //禁止进行手动和自动控制的程序流程
手_自动切换延时启动=0
手_自动切换延时停止=1
自_手动切换延时停止=0           //启动自动→手动控制切换延时定时器
自_手动切换延时启动=1
```

自动→手动切换定时器的设置如图 7-38 所示。

这样，当"切换延时到 1"=1 时，可进入到手动控制的运行策略中。

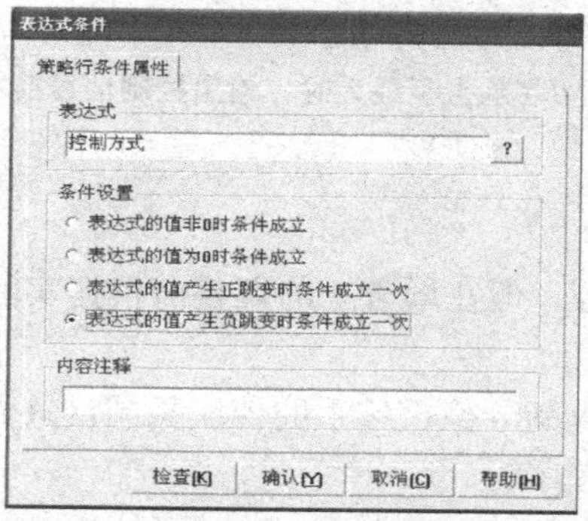

图 7-37 自动→手动切换的复位程序运行的条件 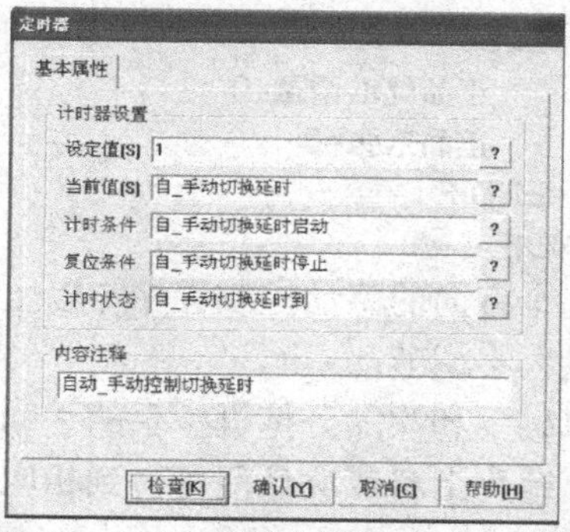　　　图 7-38 自动→手动控制切换延时定时器设置

7.5.3　手动控制策略

增加脚本程序策略行，进入手动控制的必要条件是"自_手动切换延时到"=1，如图 7-39 所示。由于传送带和各个机械手的各方向运动是相互独立的，因此可以分别设置。

1．传送带控制

```
IF  传送带启停=1 THEN    传送带旋转=传送带旋转+1              //动画效果
    ELSE  传送带旋转=0
```

2．机械手控制

由于三个机械手的工作是独立的，并且在行为上相同，即都有在 4 个方向上的动作，现以正品分拣机械手气爪张开为例，说明其控制过程。

如果操作员在显示器上点击"正品爪张"的按钮（见图 7-9），则要求正品机械手的气爪张开，其控制程序包括两部分：动画显示和输出控制。当收到气爪张开的命令后，由按钮的动画连接可知，此时气爪张的输出控制信号置 1，即"正品爪张"=1，然后在该循环策略的脚本程序中，逐步改变反映气爪位置的增量，当气爪张至最大幅度时，将气爪张的输出控制信号清零。

控制过程的流程图如图 7-40 所示。

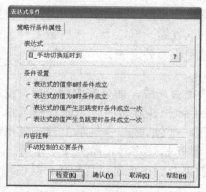

图 7-39　手动控制策略的执行条件

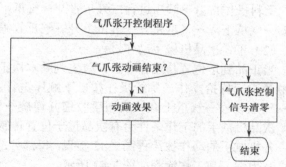

图 7-40　气爪张开控制流程

具体程序如下：

```
IF  正品爪张=1   THEN
    IF  正品气爪增量>0 THEN              //反映动画效果
        正品气爪增量=正品气爪增量-1
```

```
        ELSE
            正品气爪增量=0                        //气爪张至最大时，输出控制信号清零
            正品爪张=0
        ENDIF
    ENDIF
```

其他几个方向的手动控制程序与以上程序相似，但在增量上的调整需根据实际的构件尺寸、偏移量大小调节。

上料机械手和次品分拣机械手的手动控制与正品分拣机械手的控制相同，只需将上述程序中的正品改为上料或次品便可得到相应的控制程序。

7.5.4　自动控制策略

增加脚本程序策略行，进入自动控制的必要条件是"手_自动切换延时到"=1，如图 7-41 所示。依据自动控制的要求，要实现机械手的操作，质量检测、位置检测功能和传送带控制。

1. 传送带动画效果

传送带控制的动画效果可由如下程序完成：

```
    IF 传送带启停=1    THEN
        传送带旋转=传送带旋转+1          //体现动画效果
    ELSE
        传送带旋转=0
    ENDIF
```

其中，传送带启停信号取决于控制流程中的其他相关条件。

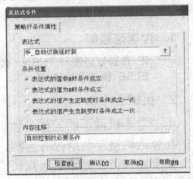

图 7-41　自动控制策略的执行条件

2. 机械手动作过程

机械手的动作是为了上料或者产品的拣拾，上料和产品的拣拾是在同一时期完成的，各机械手的工作是相对独立的，只需满足一定条件即可进行相应的工作。

（1）上料机械手动作过程

当允许上料时，首先判断本次上料是否完成，如果完成则等待，没完成继续进行上料操作。上料操作按以下顺序进行：气爪张开→气爪下降→气爪收缩→气爪上升→机械手伸长并正旋→气爪下降→气爪张开→气爪上升→气爪收缩→机械手收缩并逆旋。

（2）正、次品机械手动作过程

当正品到达位置传感器 2 后，首先判断本次正品捡拾是否完成，如果完成则等待，没完成继续进行拣拾操作。拣拾操作按以下顺序进行：机械手伸长并旋转→气爪张开→气爪下降→气爪收缩→气爪上升→机械手收缩并逆旋→气爪下降→气爪张开→气爪上升→气爪收缩。次品机械手的工作条件为有次品位于位置传感器 3，其拣拾顺序与正品机械手相同。

各机械手的动作按流程图 7-42 实现，每部分的动画效果及输出控制过程相似，以正品气爪上升为例，其工作流程如图 7-43 所示。

相应控制程序如下：

```
    IF 正品阶段=8    THEN
        正品降=0
        正品升=1
```

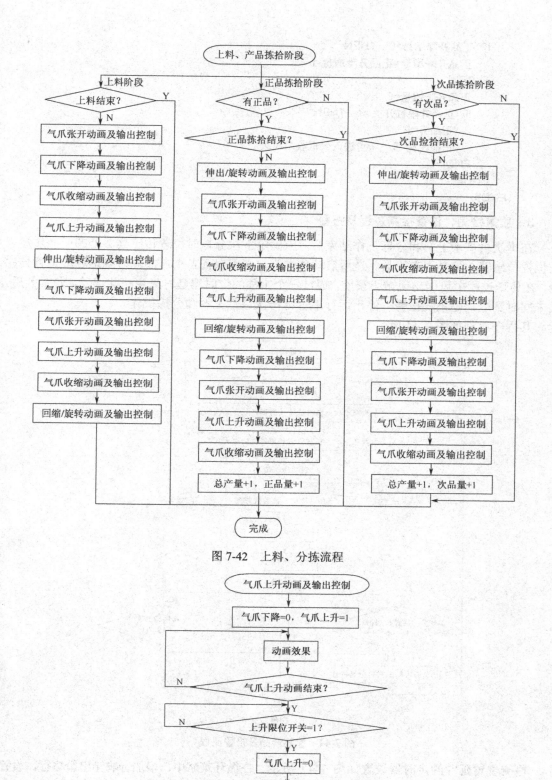

图 7-42 上料、分拣流程

图 7-43 气爪上升自动控制流程

```
        IF  正品升降增量>0  THEN
            正品升降增量=正品升降增量-1
        ELSE
            正品升降增量=0
            IF  正品升限位开关=1  THEN
                正品升=0
                正品阶段=9      //可进入气爪收缩阶段
            ENDIF
        ENDIF
    ENDIF
```

3．质量检测、位置检测过程及报警

在本次机械手上料和分拣工作结束后，应确定下次分拣时位置传感器 2 处的产品质量以及位置传感器 3 处是否有次品。之后启动传送带，必须保证各个产品同时到达相应位置传感器，在传送过程中可能出现微小误差，通过一个 1 秒的定时器延时来忽略此误差，若 1 秒后，仍未同时到达，则系统报警，停止运行，否则再次进行上料和分拣操作。

其程序流程如图 7-44 所示。

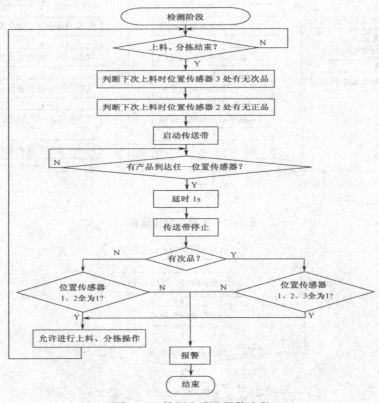

图 7-44　检测产品及报警流程

检测位置延时的定时器设置如图 7-45 所示。在循环策略中，增加音响输出策略行，设置声音报警，如图 7-46 所示，只要"声报警"=1，则播放音乐 1.wav。

最后，计算合格率：

合格率=正品产量/总产量*100

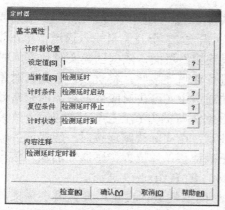

图 7-45　传送带运行延时定时器设置

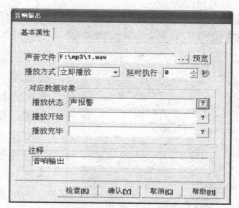

图 7-46　声音报警策略设置

组态完成后，系统的循环策略包括图 7-47 中所列出的策略。

图 7-47　循环策略设置

7.6　设备窗口组态

进入设备窗口，进行设备组态。打开设备构件管理窗口，选择采集板卡中的中泰板卡，并将中泰板卡 PCI-8405 和 PCI-8407 的驱动添加到设备工具箱中，然后将它们放置在设备窗口，设备 0 为中泰板卡 PCI-8405，设备 1 为中泰板卡 PCI-8407，如图 7-48 所示。

（a）添加中泰板卡至设备工具箱　　　　　（b）添加中泰板卡到设备窗口

图 7-48　添加设备

对设备 0 的基本属性进行设定。设置最小采集周期为 200ms，板卡索引值为 0，如图 7-49 所示。

通过之前的系统分析可知，主机的输入信号共有 22 个（即 4 个传感器和 18 个限位开关的信号），因此需要 22 个开关量输入通道，单击设备 0 属性的"通道连接"页面，依据创建实时数据库时分配的通道，在进行通道连接时，将这 22 个数据对象的名称填入相应的通道中（可在对应数据对象的空格处点击右键，通过数据浏览的方式直接连接数据），效果如图 7-50 所示。注意：在实际线路连接时，应保证各输入信号与通道的正确连接，如位置传感器 1 的输入信号必须连接到 PCI-8405 的 B 组 ch19 通道。

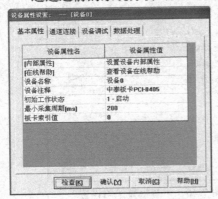

图 7-49　通用串口父设备属性

对设备 1 的属性进行设定：设置最小采集周期为 200ms，板卡索引值为 1，主机的输出控制信号共有 25 个（即 1 个传送带控制信号和 24 个机械手动作控制信号），因此需要 25 个开关量输出通道；单击设备 1 属性的"通道连接"页面，依据创建实时数据库时分配的通道，在进行通道连接时将这 25 个数据对象的名称填入相应的通道中，效果如图 7-51 所示。与输入通道相同，应注意外部实际线路的正确连接。

由于该系统只有两个用户窗口，窗口的切换使用按钮动作即可实现，不必进行主控窗口的菜单设计，因此主控窗口的组态比较简略，这里不再讲述。

图 7-50　输入通道的连接

图 7-51　输出通道的连接

7.7　自动分拣系统运行效果

图 7-52 为基于 MCGS 的机械手自动分拣系统运行时的截图。图（a）为产品在传送带上行走的截图，传送带上的圆环不断旋转能够反映传送带正在运转，经过质检传感器的产品可以从颜色上分辨其质量，各个机械手不动。图（b）反映的是仅有正品到达位置传感器 2 后，系统的工作状态。此时，位置传感器感应到产品后，传送带停止，上料机械手进行上料操作，质检传感器检测位置传感器 1 处的工件的质量，检测时指示灯不断闪烁，指示灯及产品显示绿色为正品，红色为次品，并给出检测的数目，同时正品机械手进行产品捡拾操作，画面中的产品信息是实时刷新的。图（c）反映的是次品到达位置传感器 2 和位置传感器 3 后，系统的工作状态。图（d）体现的是同时有正品到达位置传感器 2、次品到达位置传感器 3 后，系统的工作状态。

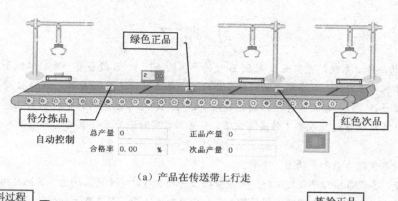

（a）产品在传送带上行走

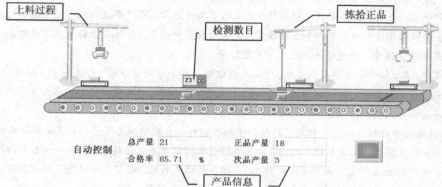

（b）仅拣拾正品的运行画面

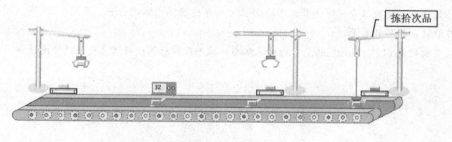

（c）仅拣拾次品的运行画面

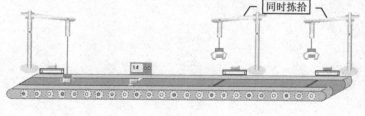

（d）同时拣拾正、次品的画面

图 7-52　自动分拣系统运行效果

习 题 7

7-1 有一物品传送系统，可实现 A 处到 B 处的产品输送。A、B 处各有一四轴机械手，分别进行上料和下料操作，该机械手特性与本章描述的机械手相同。产品通过传送带从 A 处运送到 B 处，传送带的下料端安装有位置传感器，以判断是否有产品到达 B 处。试用 MCGS 实现其计算机控制系统，具体要求如下：

（1）判断计算机通信以及设备工作是否正常；如正常，实时地显示位置传感器的输入信号及机械手的状态。

（2）能够分别实现自动和手动上、下料。

自动方式下，各设备按程序设定工作：传送带在上料和下料时处于停止状态，其他时间在连续运转；初始时，传送带停止，上料机械手实现上料操作，完成后启动传送带，当产品运行到位置传感器时，传送带停止，下料和上料机械手分别进行下料和上料操作，完成后启动传送带；如果在上料完成 2 分钟后，位置传感器未检测到产品到达信号，传送带停止运转并产生报警。

手动方式下，各机械手的工作是独立的，可人工通过运行画面中的按钮操作任意驱动其按某一方向动作，这些动作之间是相互独立的，即机械手沿某一方向（伸缩）运动时，也可同时沿其他方向（升降）运动；传送带的运动通过按钮来控制。

手/自动的切换由按钮实现。在自动工作转向手动控制时，各输出状态暂停，即各机械手和传送带停止动作，然后计算机在接到人工控制信号时，才向各机械手和传送带发送运转命令；在手动控制转换到自动控制时，系统首先进行初始化复位操作（需时约 5s），即各机械手的状态恢复初始状态，传送带停止，再按自动运行程序工作。系统运行时的动画效果应与实际机械手的运动趋势一致。

（3）上、下料机械手的运行方向上均安装有限位开关，无论是自动或是手动工作方式下，各限位开关的状态以及位置传感器输入信号、传送带的启动/停止应从系统画面中体现出来。

（4）能够统计产品的总量。

（5）采用欧姆龙 PLC（HostLink）作为计算机与机械手及传感器进行信息交换的中间设备。

第8章 用MCGS实现单容水箱液位系统的自动控制

8.1 系统的工艺流程

单容水箱液位控制系统主要由以下几个基本环节组成：被控对象（水箱）。液位测量变送装置、控制器（计算机）、执行器（电动调节阀）、水泵、储水箱。如图8-1所示，LT表示液位变送器，水箱流入量和流出量分别为Q1和Q2，控制的主要目标是维持水箱的液位为其设定值H，即干扰出现时，控制器能迅速做出决策，并使被控量液位尽快回到设定值。

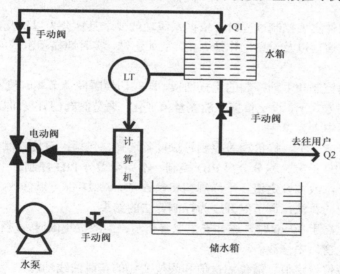

图8-1 单容水箱液位控制系统流程图

显然，图8-1所示流程图构成的是一个单回路控制系统，其控制系统方框图如图8-2所示，SV代表水箱水位的给定值，PV为测量值。

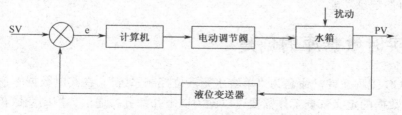

图8-2 单容水箱液位控制系统方框图

采用计算机作为控制器，控制方式可以是手动方式，也可以为自动方式。将水箱液位通过液位变送器转换为电信号（4~20mA 电流）传到控制仪表（宇光 AI_808 仪表），然后由串口设备输送给计算机，计算机通过一定的控制算法做出相应的决策，将决策信号通过串口设备发送给控制仪表，由控制仪表将控制信号（4~20mA 电流）作用于调节阀（开度变化对应0~100%）上，控制系统的连接如图 8-3 所示。

图 8-3　控制系统连接图

其中，计算机的控制算法包括手动控制和自动控制。手动控制是指该系统可人为的改变控制信号（对应于调节阀的开度）的大小；自动控制主要是根据输入信号与给定信号的偏差以及参数 P、I、D 进行 PID 运算，输出控制信号给电动调节阀，然后由电动调节阀控制水泵供水系统的进水流量，从而达到控制水箱液位基本恒定于设定值的目的。

8.2　系统的控制要求和实现功能

应用 MCGS 软件实现控制过程时，依据系统功能要求具体分为以下几部分：
- 判断计算机通信以及设备工作是否正常；如正常，实时地显示水箱的水位和调节阀的阀位信息。
- 为保证自动控制和手动控制的无扰切换，即在切换瞬间调节阀开度不会发生突变，因此手动控制方式下，设定值应跟随测量值变化，调节阀阀门开度可以直接在用户窗口的运行界面中人为设定。
- 在自动控制方式下，提供相关控制算法以备选择，包括：双位控制、标准 PID 控制、带死区的 PID 控制、积分分离 PID 控制、不完全微分 PID 控制。
- 自动方式下，液位设定值、采样周期和参数 P、I、D 都可以修改，并依据修改的数据实现相应的算法，调节阀开度为控制算法的结果。
- 当水箱液位高于 30cm 时，进行安全报警指示；当液位越限时，进行越限报警，报警偏差值可在窗口中修改。
- 具有显示液位设定值、液位测量值和阀位变化的实时曲线功能。
- 显示液位设定值、液位测量值和阀位变化的历史曲线，具有打印曲线所在窗口功能。
- 具有液位设定值、液位测量值和阀位变化的历史数据查询功能，并将其存储到指定的位置。
- 报警事件记录功能。

8.3　实时数据库的创建

新建 MCGS 工程文件，命名为"单容水箱液位控制系统"。在实时数据库窗口页创建数据对象，实时数据的定义依据工作需要可以分为以下几部分：通信、控制变量和参数、控制方式、控制算法、存盘数据、报警，分别如表 8.1~表 8.6 所示。

表 8.1 通信部分数据

变 量 名	类 型	初 值	注 释
COM1	开关	0	通信状态，1：不正常；0：正常
通信	字符	0	COM1=1 或设备异常："设备停止状态" COM1=0 或设备正常："设备正常状态"

表 8.2 控制变量和参数

变 量 名	类 型	初 值	注 释
pv	数值	0	液位测量值，数值量输入，2 位小数；上限报警：30cm
sv	数值	0	液位设定值，数值量输出，2 位小数
ts	数值	1	采样周期，1 位小数
op	数值	20	阀门开度，数值量输出，0 位小数
p	数值	1	比例系数，2 位小数
ti	数值	0	积分时间，0：无积分作用；2 位小数
td	数值	0	微分时间，2 位小数

表 8.3 控制方式

变 量 名	类 型	初 值	注 释
method	开关	0	控制方式，0：手动方式；1：自动方式
方式显示	字符	0	控制方式=0："手动方式"；控制方式=1："自动方式"

表 8.4 控制算法（主要指在自动控制方式下）

变 量 名	类 型	初 值	注 释
控制算法	字符	0	为"双位控制"、"PID 控制"、"带死区 PID 控制"、"积分分离 PID 控制"和"不完全微分 PID 控制"之一
arith	数值	0	双位控制：8；PID 控制：7；带死区 PID 控制：13；积分分离 PID 控制：15；不完全微分 PID 控制：17
e0	数值	0	当前液位的偏差；2 位小数
e1	数值	0	上次液位偏差；2 位小数
e2	数值	0	上上次液位偏差；2 位小数
pf	数值	0	比例作用；2 位小数
jf	数值	0	积分作用；2 位小数
df	数值	0	微分作用；2 位小数
dg	数值	0	微分增益，2 位小数
zlpid	数值	0	增量 PID 输出信号；2 位小数
lastwz	数值	0	前次位置输出信号；2 位小数
wz	数值	0	位置 PID 输出；2 位小数
thisop	数值	0	本次输出控制信号；2 位小数
nd	数值	0	当前不完全微分项；2 位小数
nd1	数值	0	上次不完全微分项；2 位小数
nd2	数值	0	上上次不完全微分项；2 位小数
ndc	数值	0	不完全微分系数α

表 8.5　存盘数据

变 量 名	类 型	初 值	注 释
pv1	数值	0	pv1=pv
sv1	数值	0	sv1=sv
op1	数值	0	op1=op
组	组对象		包括：pv1，sv1，和 op1；每秒存盘 1 次
存盘数据	字符	0	数据存盘的路径

表 8.6　报警数据

变 量 名	类 型	初 值	注 释
alarmsv	数值	0	越限报警偏差值
difference	数值	0	液位设定值与测量值差值的绝对值
alarm	开关	0	越限报警，液位偏差>报警偏差设定：1；液位偏差≤报警偏差设定：0

有关通信的数据有 2 个，即"COM1"和"通信"，分别是开关型和字符型，无存盘和报警属性。在实时数据库窗口中，各新建一个开关型和字符型对象，其基本属性设置如图 8-4 所示，则实现了这两个对象的建立。

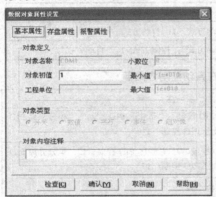
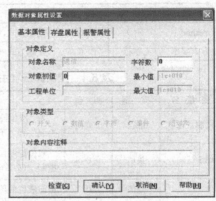

图 8-4　通信部分数据对象的建立

有关报警的数据有 3 个，即"alarmsv"（数值型）"difference"（数值型）、"alarm"（开关型）。新建 2 个数值型和 1 个开关型对象，其基本属性设置如图 8-5 所示。

图 8-5　报警部分数据对象的建立

依据第 2 章中介绍的方法，建立上述其他数据对象，并对其相关属性进行设定。实时数据库组态的结果如图 8-6 所示。

8.4　画面设计制作与动画连接

在工程"单容水箱液位控制系统"中，共建 5 个用户窗口：液位控制系统流程（启动窗口）、历史曲线、历史数据、报警记录和保存成功提示窗。

图 8-6　单容水箱液位控制系统实时数据库组态结果

8.4.1　液位控制系统流程

在该用户窗口中，根据工艺和功能要求设计，由水箱、传感/变送器（投入式液位变送器）、控制器和执行器构成一个闭环控制系统，如图 8-7 中所示。

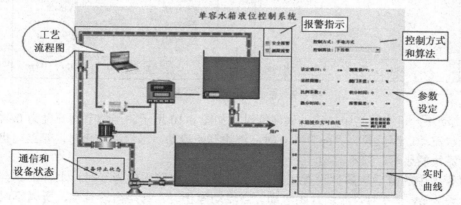

图 8-7　单容水箱液位控制流程窗口

用户窗口还包括：通信和设备工作状态、报警指示（安全报警指示和越限报警指示）、控制方式设定和算法选择（下拉框）、给定及相关参数设定、实时曲线显示。

1. 系统的工艺流程图的制作与控件的动画连接

应用绘图工具绘制水箱和储水箱；从对象元件库中选择显示仪表、调节阀、水泵、传感器和手动阀，插入到用户窗口；插入位图：笔记本电脑和 RS-232/485 转换器；从对象元件库插入水路管道，并在其上覆盖有流动块；各电气元件间进行电气连接。整理后，则得到图 8-7 所示的工艺流程图。

根据系统要求，手动阀、显示仪表、流动块和水箱液位状态需呈现动画显示，其连接过程如下。

① 手动阀：3 个手动阀的红色手柄设置为不可见，即使它们均处于打开状态。打开手动阀的属性窗口，设置方式如图 8-8 所示。

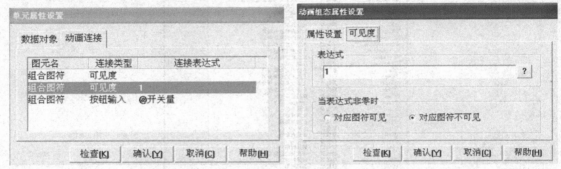

图 8-8　手动阀可见度设置

② 显示仪表：显示仪表可以显示当前液位值，其属性设置如图 8-9 所示。允许显示输出，显示输出的值为"pv"，是数值型输出，可以显示 2 位整数和 2 位小数。

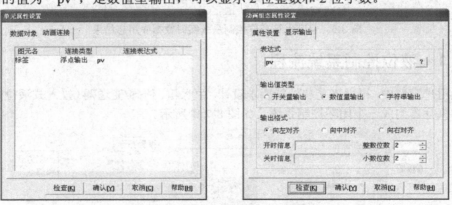

图 8-9　显示仪表的显示输出设置

③ 流动块：进水管道中的流动块属性设置如图 8-10 所示。当调节阀开度为 0 时，水管中不会有水流动，因此设为"op"非 0 时，流块开始流动。当流动停止时，管路内仍有水，所以保持流块的显示，但不流动。

出水管道中的流动块属性设置如图 8-11 所示。当水箱水位为 0 时，水管中不会有水流动，因此设为 pv 非 0 时，流块开始流动。当流动停止时，管路内没有水，所以不保持流块的显示。

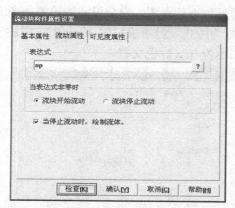

图 8-10　进水管道流动块的流动属性设置

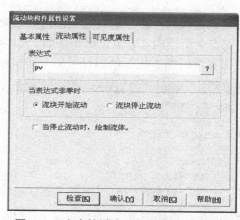

图 8-11　出水管道流动块的流动属性设置

④ 水箱：允许水箱的液位大小变化，使其变化范围为实际水箱液位的变化范围 0～40cm，如图 8-12 所示。设液位的变化为由下而上的方向，方式为"缩放"。

2．通信和设备工作状态

在窗口左下角添加标签，用来显示通信和设备工作状态。

打开该标签的属性，设置允许字符颜色和显示输出连接，如图 8-13（a）所示；设置字符颜色变化，当工作正常时，字符显示为绿色，反之为红色，如图 8-13（b）所示；设置显示输出的字符，如图 8-13（c）所示。

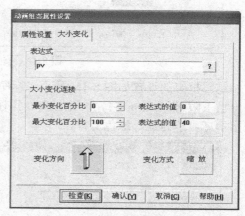

图 8-12　水箱液位大小变化设置

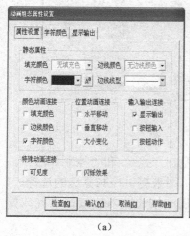

（a）

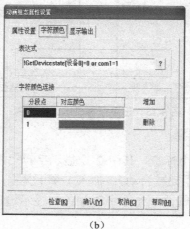

（b）

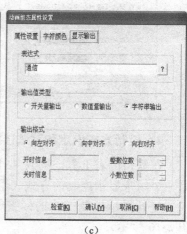

（c）

图 8-13　通信及设备状态属性设置

3．报警指示

从对象元件库选择 2 个指示灯插入到窗口；再插入 2 个标签，将其中字符分别添加为"安全报警"和"越限报警"，放置到图 8-7 所示位置。

做动画连接时，需分别对它们的闪烁效果和可见度进行设置。安全报警的设置如图 8-14 所示。在安全范围内，即液位低于 30cm 时，指示灯为绿色，当液位超过 30cm 时，用图元可见度变化实现闪烁，使红色图符可见，即指示灯显示为红、绿色交替。

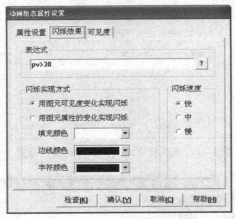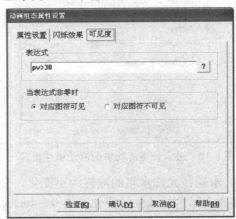

图 8-14　安全报警显示属性设置

越限报警的设置如图 8-15 所示。当液位没有越出上下限时，alarm＝0，指示灯为绿色；超出上下限时，alarm＝1，产生报警，用图元可见度变化实现闪烁，使红色图符可见，即对应指示灯显示为红、绿色交替。

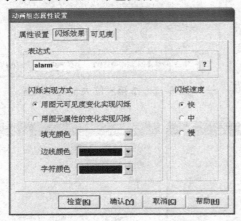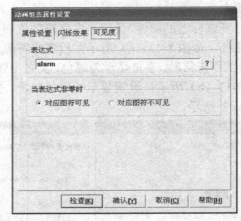

图 8-15　越限报警显示属性设置

4．控制方式设定和算法选择

在窗口的右上方，插入 3 个标签，其中 2 个显示字符"控制方式："和"控制算法："，另一个用来显示控制的方式（手动或自动）；插入 1 个下拉框，用来提供控制算法的选择。

打开显示控制方式的标签属性，允许字符颜色、显示输出和按钮输入连接，设置成如图 8-16 所示。

当 method＝0 时，为手动控制方式，对应字符显示红色；当 method＝1 时，为自动控制方式，对应字符显示蓝色、标签的显示输出为数据对象"方式显示"对应的字符，其值为"手动方式"或"自动方式"、按钮动作属性页设置为，单击该标签时，使"method"的状态取反，即原控制方式为手动时，单击该标签，则控制方式切换到自动。

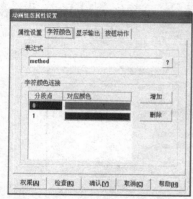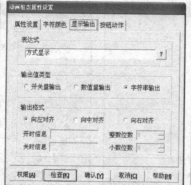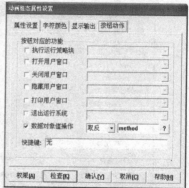

图 8-16 控制方式显示属性设置

下拉框的属性如图 8-17 所示。设置默认算法为 PID 算法（标准 PID），将选中的算法名称作为字符型数据对象"控制算法"的值，下拉框中包括的选项有：双位控制、PID 控制、带死区 PID 控制、积分分离 PID 控制和不完全微分 PID 控制。

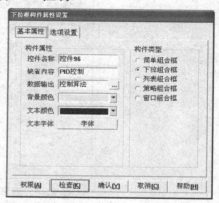

图 8-17 控制算法下拉框属性设置

5. 给定值及参数设定

插入 23 个标签，其中 8 个作为参数名称的显示，7 个作为参数的单位显示（比例系数无单位），剩下的 8 个用来显示相应参数的数值。排列成图 8-7 所示的形式。

打开显示给定值数值的标签属性页，允许显示输出和按钮输入连接。设定值显示输出为数据对象"sv"对应的数值，可显示 2 位整数和 2 位小数；按钮输入是将工程期望的给定值赋给数据对象"sv"，输入范围为 0～40cm，设置过程如图 8-18 所示。

对于液位的实际值由传感器检测而来，则显示测量值数值的标签只具有显示属性，图 8-19，是将数据对象"pv"对应的数值显示出来。

其他 6 个参数和变量（采样周期、阀门开度、比例系数、积分时间、微分时间和报警偏差）的属性的设置方法与给定值的设置方法相同，具体过程如图 8-20～图 8-25 所示。

6. 实时曲线

插入实时曲线构件，放置于窗口的右下角，在曲线构件的左上方插入一个标签，显示字符"水箱液位实时变化曲线"；曲线的右上方插入 3 个标签，分别显示字符"液位设定值"、"液位测量值"和"阀门开度"，并在其左侧分别插入 3 根线段，定义为蓝色、红色和黑色，用以区别实时曲线中的 3 种曲线。

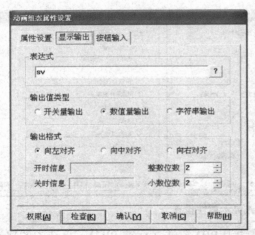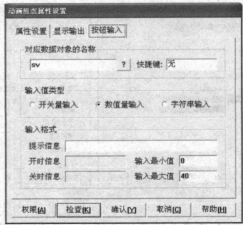

图 8-18　给定值数值显示/设定属性设置

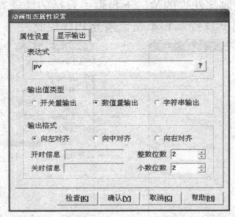

图 8-19　测量值数值显示属性设置

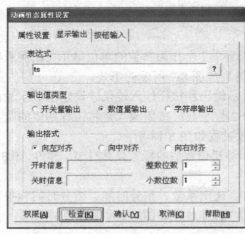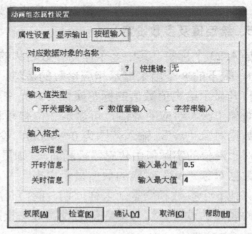

图 8-20　采样周期数值显示/设定属性设置

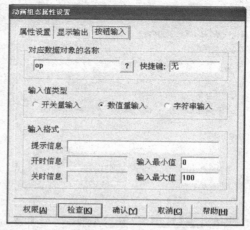

图 8-21　阀门开度数值显示/设定属性设置

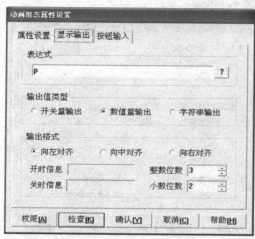
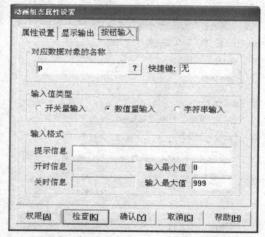

图 8-22　比例系数数值显示/设定属性设置

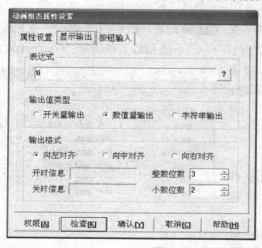

图 8-23　积分时间数值显示/设定属性设置

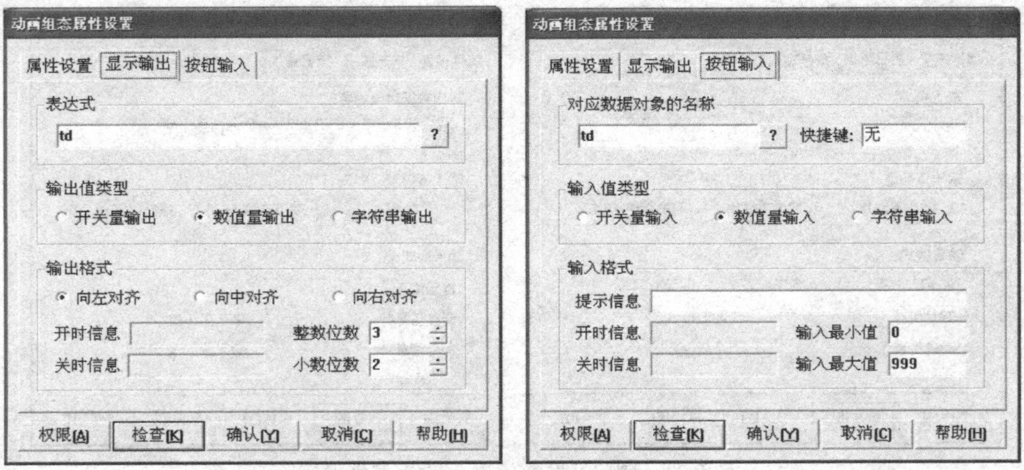
动画组态属性设置
属性设置
显示输出
按钮输入
表达式
td
输出值类型
开关量输出
数值量输出
字符串输出
输出格式
向左对齐
向中对齐
向右对齐
开时信息
整数位数
3
关时信息
小数位数
2
权限(A)
检查(K)
确认(Y)
取消(C)
帮助(H)
动画组态属性设置
属性设置
显示输出
按钮输入
对应数据对象的名称
td
快捷键：无
输入值类型
开关量输入
数值量输入
字符串输入
输入格式
提示信息
开时信息
输入最小值
0
关时信息
输入最大值
999
权限(A)
检查(K)
确认(Y)
取消(C)
帮助(H)

图 8-24　微分时间数值显示/设定属性设置

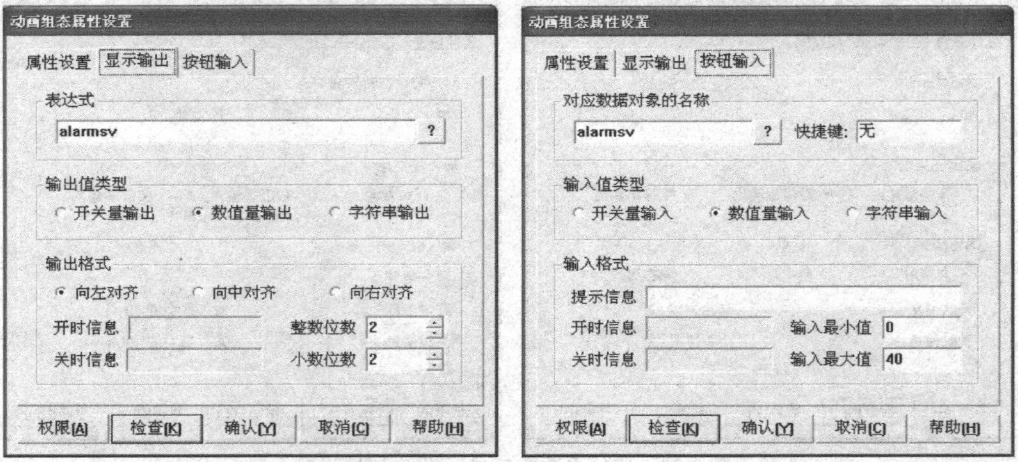
动画组态属性设置
属性设置
显示输出
按钮输入
表达式
alarmsv
输出值类型
开关量输出
数值量输出
字符串输出
输出格式
向左对齐
向中对齐
向右对齐
开时信息
整数位数
2
关时信息
小数位数
2
权限(A)
检查(K)
确认(Y)
取消(C)
帮助(H)
动画组态属性设置
属性设置
显示输出
按钮输入
对应数据对象的名称
alarmsv
快捷键：无
输入值类型
开关量输入
数值量输入
字符串输入
输入格式
提示信息
开时信息
输入最小值
0
关时信息
输入最大值
40
权限(A)
检查(K)
确认(Y)
取消(C)
帮助(H)

图 8-25　报警偏差设定显示/设定属性设置

然后打开实时曲线构件属性，设置背景网格：X 主划线 8 条，次划线 2 条；Y 主划线 5 条，次划线 2 条；Y 轴标注的标注间隔为 1，小数点 0 位，最小值和最大值分别为 0.0～100.0。在画笔属性页中，选择曲线 1、曲线 2 和曲线 3 分别对应 sv、pv 和 op，颜色分别选择红色、蓝色和黑色，如图 8-26 所示。

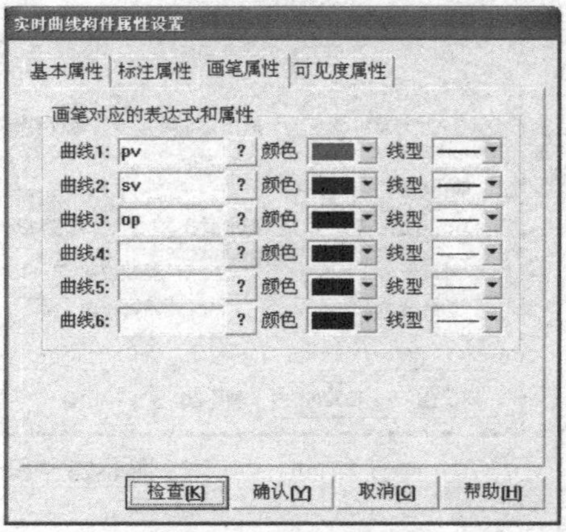
实时曲线构件属性设置
基本属性
标注属性
画笔属性
可见度属性
画笔对应的表达式和属性
曲线1: pv
曲线2: sv
曲线3: op
曲线4:
曲线5:
曲线6:
颜色
线型
检查(K)
确认(Y)
取消(C)
帮助(H)

图 8-26　实时曲线画笔属性设置

8.4.2　历史曲线

打开历史曲线用户窗口，在适当位置插入历史曲线构件，如图 8-27 所示，增加名为“打印”和“退出”标签。

双击历史曲线构件，进行历史曲线窗口的属性设定。在基本属性中，设定 X 和 Y 轴主划线 10 条，次划线 2 条；在存盘数据属性页中，选择历史存盘数据来源为组对象，如图 8-28（a）所示。在标注设置中，

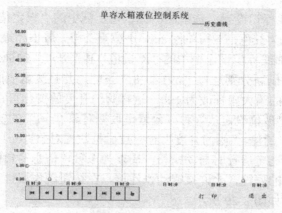

图 8-27　历史曲线窗口

选择坐标长度为 10，时间单位为分，时间格式为"日时：分"，标注间隔为 2，曲线的起始点选为最近 30 分钟的存盘数据，如图 8-28（b）所示。

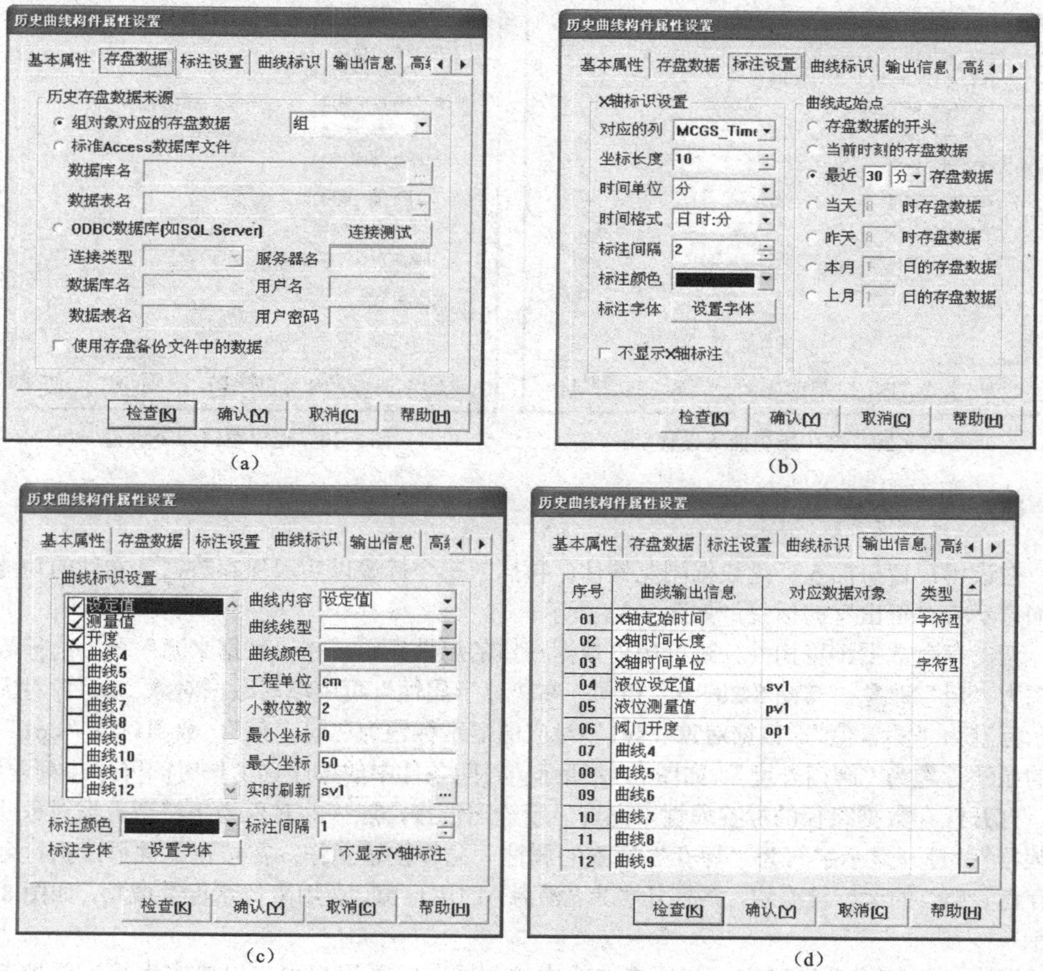

（a）

（b）

（c）

（d）

图 8-28　历史曲线画构件属性设置

图 8-28（c）为曲线标识设置，选中曲线标识设定框中的"设定值"，在右侧的曲线内容选为"设定值"，颜色选为红色，工程单位 cm，小数点 2 位，最小和最大坐标分别为 0 和 50，实时刷新选择"sv1"，曲线标识设定框中的"测量值"和"开度"的曲线标识设定方法与"设定值"的相同，但实时刷新分别选择"pv1"和"op1"，并且测量值的显示颜色为蓝色，开度的为黑色，开度对应的最大坐标改为 100，这样阀门开度的变化可在 0～100 之间。3 条曲线的输出信息分别为："液位设定值"对应数值是数据对象"sv1"的值，"液位测量值"对应数值是数据对象"pv1"的值，"阀门开度"对应数值是数据对象"op1"的值，如图 8-28（d）所示。在高级属性中，选定运行时自动刷新，周期为 1 秒，信息窗口随光标移动即可。

打开"打印"标签的属性，允许按钮动作连接，在按钮动作属性页，选择打印名为"历史曲线"的用户窗口，如图 8-29 所示。

打开"退出"标签的属性，允许按钮动作连接，在按钮动作属性页，选择打开名为"单容水箱液位控制系统"的用户窗口，关闭名为"历史曲线"的用户窗口，如图 8-30 所示。

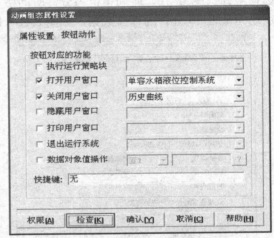

图 8-29　打印历史曲线设置　　　　　　　　图 8-30　退出窗口命令设置

8.4.3　历史数据

在该用户窗口插入存盘数据浏览构件，再插入三个标签以实现保存数据到文件的功能，增加显示为"退出"的标签，如图 8-31 所示。

双击存盘数据浏览构件，进行历史数据窗口的属性设定。在"数据来源"页中选择数据来源为"组"对象，与图 8-28（a）相同；在"显示属性"页中填写数据对象"pv1"对应的显示标题为"测量值"，数据对象"sv1"对应的显示标题为"设定值"，数据对象"op1"对应的显示标题为"阀门开度"，如图 8-32 所示；时间条件中的排序选为按时间降序排列即可。

打开保存数据路径的标签属性，允许显示输出连接，连接的对象为字符型数据对象"存盘数据"；打开显示字符为"保存"标签的属性，允许按钮动作；在按钮属性页，执行名为"存盘策略"的运行策略块，并打开名为"消息"的用户窗口，用来提示保存成功，如图 8-33 所示。

退出标签的属性设置方法与历史曲线中的相同，打开用户窗口"单容水箱液位控制系统"，关闭"历史数据"。

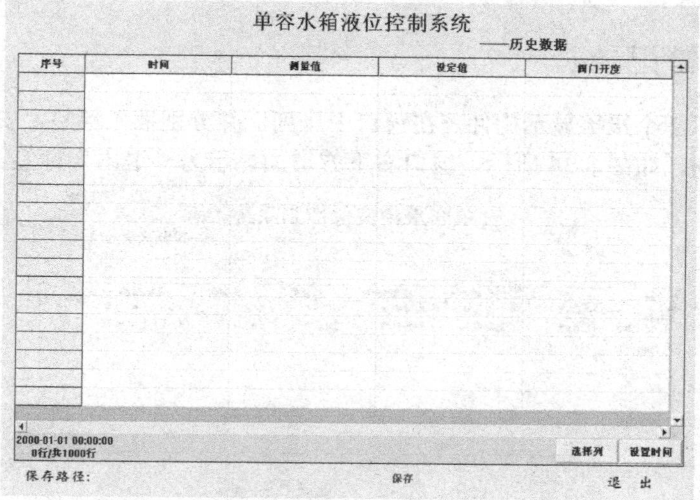

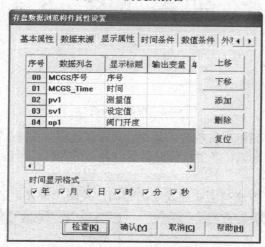

图 8-31　历史数据窗口

图 8-32　历史数据显示属性设置

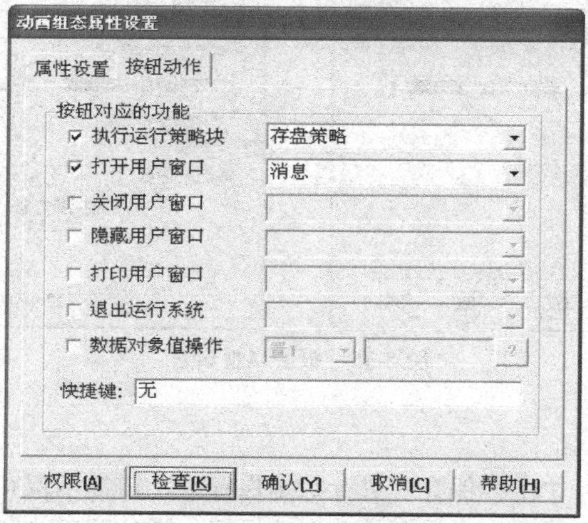

图 8-33　保存数据属性设置

8.4.4 报警记录

在此窗口插入 2 个报警显示构件，在窗口中排列，并分别插入标签"安全报警"和"越限报警"以示区别，如图 8-34 所示。窗口右下方增加显示为"退出"标签。

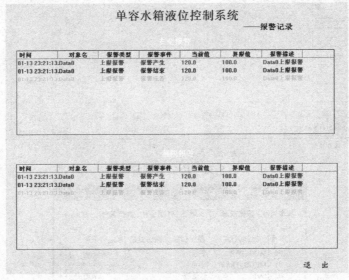

图 8-34 报警记录窗口

分别打开安全报警和越限报警构件的属性，其设置过程如图 8-35 所示。将该构件的状态显示与对应数据对象连接起来，产生报警时显示红色，正常时显示蓝色，报警应答后为绿色。不进行可见度属性设定。

退出标签的属性设置方法与历史曲线中的相同，关闭"报警记录"的用户窗口。

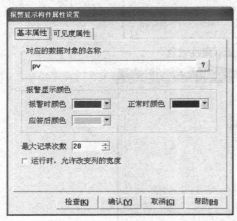 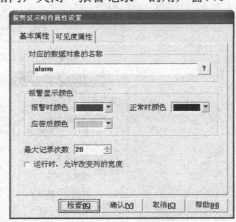

图 8-35 报警属性设置

8.4.5 消息

在历史数据窗口中，单击"保存"进行数据保存时，需提示保存成功，如图 8-36 所示。因此，在该用户窗口插入显示为"保存成功"的标签，紧贴窗口的左上角，设置该窗口大小为 240×140。打开"保存成功"标签属性，允许其具有按钮动作连接，如图 8-37 所示，当鼠标单击该标签时，关闭本窗口。

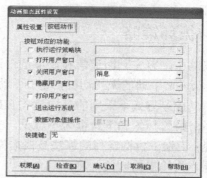

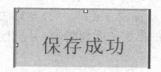

图 8-36 保存成功提示　　　　　　　图 8-37 保存成功标签属性设置

8.5　控制程序的编写

依据控制要求，控制策略可以设置成 6 个用户策略，如图 8-38 所示，其中控制算法均为脚本程序策略。

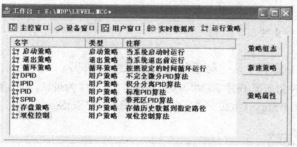

图 8-38 运行策略块

8.5.1　启动策略

在工程运行时，应保证系统在计算机控制方式下工作，因此在启动策略中增加脚本程序：

　　!setdevice(设备 1, 6, "write(24, 0)")　　　　'通过通信的方式将仪表 1 的 24 号参数设定为 0

这样仪表的输出控制信号与计算机的给定的控制信号保持一致。

8.5.2　控制算法

控制算法包括：双位控制、标准 PID 控制、带死区的 PID 控制、积分分离 PID 控制、不完全微分 PID 控制。

为避免调节阀频繁动作，采用带有中间区的双位调节，中间区域为-2～2cm，即：偏差 e>2cm 时，输出为最小（0）；e<-2cm，输出为最大（100%）；-2cm≤e≤2cm 时，输出不变。

控制程序如下：

```
e0=pv-sv
IF e0>2    THEN thisop=0
IF e0<-2   THEN thisop=100
```

几种典型的 PID 算法可参考 4.1.2 节。这几种控制算法均为用户策略，在必要的时候以备调用。

8.5.3　循环策略

在循环策略中，首先判断通信和设备是否正常，判断控制方式为自动还是手动。

为保证自动↔手动的无扰切换，处于手动方式时，液位设定值将跟随液位测量值变化，同时由于在自动控制方式下采用的是增量式 PID 算法，还需将当前阀门开度赋给前次的位置输出；"控制算法："标签和下拉框为不可见。当处于自动控制方式时，"控制算法："标签和下拉框为可见；识别下拉框选择的算法是根据算法名称的字符长度判断的，并执行相应算法；将计算的结果作为输出给阀门开度。

最后，判断是否产生越限报警。

设置循环策略的循环周期为 200ms。

控制流程如图 8-39 所示。

判断通信和设备是否正常的程序如下：

```
    IF!GetDevicestate(设备 1)=1 AND com1=0   THEN
        通信="设备工作正常"
    ELSE
        通信="设备停止状态"
    ENDIF
```

下拉框构件可见（或不可见）可采用 Visible 属性，即：

```
    单容水箱液位控制系统.控件 96.Visible=1(0)            //1 为可见，0 为不可见
```

调用用户策略用!SetStgy()函数，如调用 PID 算法为!SetStgy(pid)。

8.5.4　存盘策略

添加数据转换格式策略，如图 8-40 所示。

对数据转换格式策略进行属性设置，如图 8-41 所示。保存数据的文件为 SaveData.DAT，连接的变量名为存盘数据，单击存盘数据源组态设置，对数据源进行设置，选择 MCGS 组对象对应的存盘数据表为组。

在工程运行时，若执行该策略行，则组对象包含的数据被保存到 SaveData.DAT 中。

8.6　设备组态

进入设备窗口，进行设备组态。打开设备工具箱，在设备管理窗口选择通用设备中的串口通信父设备和智能仪表中的宇光_AI808 仪表，添加到设备工具箱中，如图 8-42 所示。

首先，将串口通信父设备添加到设备窗口作为父设备，名称为设备 0。对设备 0 的属性设定如图 8-43 所示，仅对基本属性进行修改，其他不变。

再将宇光 AI_808 仪表添加到设备窗口作为子设备，名称为设备 1。对设备 1 的属性设定如图 8-44 所示。

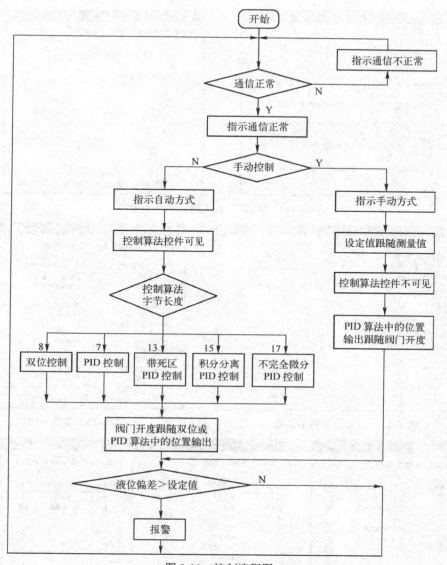

图 8-39　控制流程图

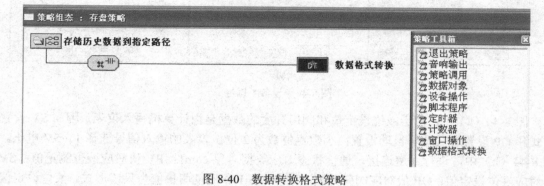

图 8-40　数据转换格式策略

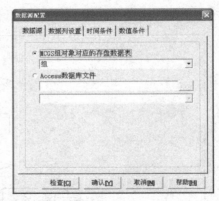

图 8-41　数据转换格式策略属性设置

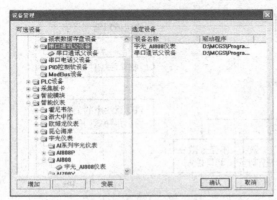

图 8-42　添加设备到工具箱

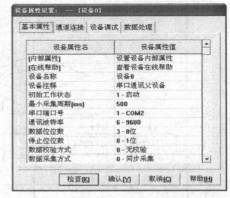

图 8-43　设备 0 属性

（a）　　　　　　　　　　　（b）　　　　　　　　　　　（c）

图 8-44　设备 1 属性

　　图 8-44（a）中，由于液位设定值和阀门开度的数据是由计算机写入仪表，因而 SV 设置方式和 OP 设置方式选择自动设置；小数点位数为 2 位；仪表的输入信号选择 1～5V 电压。图 8-44（b）中，进行通道连接，通信状态对应数据对象 com1；PV 值对应液位测量值；SV 值对应液位设定值；OP 值对应阀门开度，其中 com1 和液位测量值为只读形式，液位设定值和阀门开度为写入形式。图 8-44（c）中，进行设备调试，当 com1 对应通道值为 0，表明通信正常；若为 1，表明通信不正常。数据处理窗口不予设置。

8.7 主控窗口设计

运行时，为了实现各用户窗口之间的切换，在主控窗口编制相应的菜单系统，如图 8-45 所示。添加 5 个菜单项，分别为：液位控制系统、历史曲线、历史数据、报警记录和退出。

对于各菜单项的属性中选择菜单操作，打开相应的用户窗口。如图 8-46 所示，液位控制系统菜单属性中的菜单操作为打开名为"单容水箱液位控制系统"的用户窗口。

图 8-45　主控窗口菜单系统

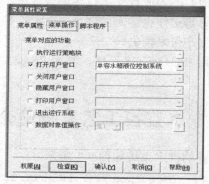

图 8-46　液位控制系统的菜单操作

其他几个窗口菜单属性设置方法相同，均为打开对应窗口的菜单操作。"退出"菜单的菜单操作选择"退出运行系统"中的"退出操作环境"。

这样，整个单容水箱液位的计算机控制系统的组态就完成了。可进入运行环境中，选择相应的控制算法，并进行相关的参数整定，从而实现对液位的计算机控制。

习 题 8

8-1　有一双容液位控制系统，目标是实现下水箱液位的控制。试用 MCGS 实现其计算机控制系统，具体要求如下：

① 判断计算机通信以及设备工作是否正常；如正常，实时地显示上、下水箱的水位和调节阀的阀位信息。

② 可实现自动和手动控制液位。自动方式下，下水箱液位设定值、采样周期和参数 P、I、D 都可以修改，并依据修改的数据完成 PID 控制算法，调节阀开度为控制算法的结果。手动方式下，调节阀阀门开度可以直接在用户窗口的运行界面中人为设定。为保证自动控制和手动控制的无扰切换，在切换瞬间调节阀开度不会发生突变，且手动控制方式下，设定值需跟随测量值变化。

③ 当上水箱液位高于 30cm 或下水箱液位高于 20cm 时，进行安全报警指示；当下水箱液位越限时，进行越限报警，报警偏差值可在运行窗口中修改。

④ 具有显示下水箱液位设定值，上、下水箱液位测量值和阀位变化的实时曲线及历史曲线，打印曲线所在窗口画面的功能；具有下水箱液位设定值、上、下水箱液位测量值和阀位变化的历史数据查询功能，并将其存储到指定的位置。

⑤ 报警事件记录功能。

⑥ 采用天辰模拟量输入仪表（巡检仪）和模拟量输出仪表作为计算机与双容液位系统进行信息交换的中间设备。

第9章 IPC 在水监控系统中的应用

某大型企业在以往的水量监测过程中，主要靠人力进行巡检，管理人员必须在复杂的管路间实时地监测各流量计示数并记录数据。由于厂区面积大，巡检一次需两个多小时，而后的数据汇总等工作也需人工进行，效率低下。更重要的是，由于不能及时发现水系统的故障，有时会给生产带来损失。

现采用 IPC+MCGS 系统，利用 RS-485 总线构成水量自动监控系统，从而解决了人工监控的不足。

9.1 水监控工艺系统简介及要求

该企业的供水系统如图 9-1 所示。

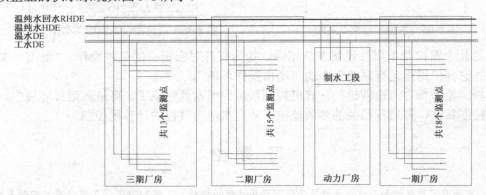

图 9-1 供水系统示意图

供水系统由动力厂房的制水工段制出工水 IW、纯水 DE、温纯水 HDE，通过管路送往三个生产厂房，其中温纯水要加以回收循环使用，即还有温纯水回水 RHDE，因此整个水系统共有 4 种管路：IW、DE、HDE、RHDE。一、二、三期厂房的监测点数分别为 18 点、15 点和 13 点。

水量监测系统的要求是能够完整反映工水 IW、纯水 DE、温纯水 HDE 的总体用水情况以及各工位的用水情况，包括显示和记录各工位的瞬时流量、累计流量、统计流量（某一时间段的累计流量），能显示各工位用水量的实时曲线、历史曲线，能完成用水累计量报表打印、年月日用水统计报表打印等功能。另外，要求能对一些重要的供水点进行实时监控，例如烧结炉的机械冷却工位采用工水 IW 降温，一旦此处的供水出现问题会造成设备损坏，因此要求一旦出现异常能立即报警。

9.2 水监控系统的组成

该系统组成如图 9-2 所示。

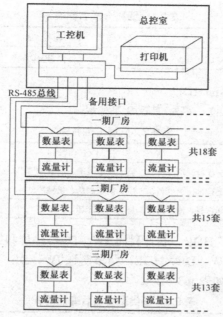

图 9-2　水监控系统组成示意图

系统基于 RS-485 总线网络，一般来说 RS-485 总线的通信距离为 1500m，通信点数为 32 点，可扩充到 64 点。考虑到系统监控点的分布尤其是距离问题，决定采用三条 RS-485 总线分别与三个厂房的监控点通信。每个厂房的监控点之间采用级联方式进行连接，这样整个系统仅用三条通信电缆，极大节省了布线的人力和物力。

系统主机采用研华工控机：CPU 为 P4 1.8GHz，256MB DDR 内存，40GB 硬盘，Windows 2000 操作系统+MCGS 组态软件，4 个 RS-485 总线接口（三用一备）。

流量采集系统由 IP2000 插入式切向叶轮流量计和 XSJ 系列流量积算仪组成。IP2000 插入式切向叶轮流量计为速度式流量测量仪表，通过将流体沿管道轴向的运动转换为转子的转速来实现流体流速（流量）的测量。流量计的输出可以是脉冲信号或 4～20mA 模拟电流信号，本系统采用脉冲信号。

XSJ 系列流量积算仪是一种智能型仪表，可与 IP2000 插入式切向叶轮流量计配合使用，完成瞬时流量的测量、变换、传送、记录和控制，同时进行流量的累积计算。该流量仪精度高，有在线显示报警等功能，并配有 RS-485 接口，可与上位工控机进行通信。

9.3　组态编程

监控系统使用 MCGS 组态软件开发用户应用程序，包括对实时数据库、用户窗口、主控窗口、设备窗口和运行策略的组态。

9.3.1　变量定义及实时数据库组态

因本监控系统变量较多，为直观起见变量的命名由厂房号、工位、介质和后缀四部分组成。首先，在现场分布有 4 种管路，管路内的介质名称如表 9.1 所示。

表 9.1　管路介质名称表

工水	纯水	温纯水	温纯水回水	总用水
IW	DE	HDE	RHDE	总用水

其中，"总用水"=IW+DE+HDE。

三个厂房共分布18种工位，名称如表9.2所示。

表9.2　厂房工位名称

厂　　房	工位（代码）
一期厂房	总进水、制管科、涂屏科、二层、屏罩清洗、荫罩制造、机械冷却
二期厂房	总进水、制管科、涂屏科、二层、荫罩制造、机械冷却
三期厂房	总进水、制管科、涂屏科、二层、机械冷却

其中总进水需IW、DE、HDE，制管科需IW、DE，涂屏科需IW、DE、HDE，二层需IW、DE、HDE，屏罩清洗IW、DE、HDE，荫罩制造IW、DE，机械冷却需IW、DE。

各类型变量后缀的命名如表9.3所示。

表9.3　各类型变量后缀说明表

后缀	举例	说　　明
S	DEs	带"s"为瞬时流量，不带"s"为累积流量。因此Des为纯水瞬时流量，而DE为纯水累积流量
L	HDEL	带"L"为以分钟记的瞬时流量，因此HDEL为温纯水分钟瞬时流量

例如，变量名"一期屏清洗IW"的含义是"一期厂房屏清洗工序工水累积流量"，变量名"二期二层总用水s"的含义是"二期二层总用水瞬时流量"。本监控系统变量总数为294个，表9.4仅列出了三期厂房的部分变量清单，其余与此类似不再罗列。另外，"三期ALL"为组对象，包含了三期所有分钟瞬时流量和累积流量，其目的是作为存盘使用。

表9.4　三期厂房的部分变量清单

变　量　名	类型	初值	注　　释
三期总用s	数值	0	三期总用水（IW+DE+HDE）瞬时流量
三期总用L	数值	0	三期总用水（IW+DE+HDE）分钟瞬时流量
三期总用	数值	0	三期总用水（IW+DE+HDE）累积流量
三期屏清洗Des	数值	0	三期屏清洗纯水瞬时流量
三期屏清洗DE	数值	0	三期屏清洗纯水累积流量
三期屏清洗IWs	数值	0	三期屏清洗工水瞬时流量
三期屏清洗IW	数值	0	三期屏清洗工水累积流量
三期屏清洗HDEs	数值	0	三期屏清洗温纯水瞬时流量
三期屏清洗HDE	数值	0	三期屏清洗温纯水累积流量
三期ALL	组对象		存盘使用

在工作台中选"实时数据库"，单击"新增对象"按钮，在"名字"列中将出现"Data1"的变量名，如图9-3所示。

双击"Data1"，对新增变量进行组态，图9-4中列出了变量"一期厂房屏清洗工水累积流量"的组态内容。

组态后单击"确定"按钮，变量名将自动改正，图9-5是部分经组态后的变量列表清单。

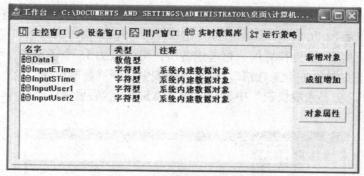

图 9-3　新增变量窗口示意图

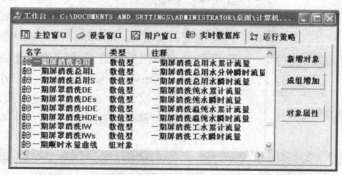

图 9-4　变量基本属性组态窗口

图 9-5　变量组态窗口

9.3.2　设备窗口组态

从图 9-2 中可知，现场设备均为串口设备，因此本系统的设备窗口组态就是对串口设备进行组态。如图 9-2 所示，在现场的总线网络中，各监测点中的数据经三条 RS-485 总线传输至控制室工控机的 COM 端口。为了进行通信，必须用组态软件对通信设备进行设置。在 MCGS 的编程环境中，选择"设备窗口"，然后在工具箱中选择添加 4 个通用串口父设备，分别命名为一期通用串口父设备、二期通用串口父设备、三期通用串口父设备（以厂房名称命名）和备用设备。

在每个通用串口父设备下添加子设备。子设备就是 XSJ 系列流量积算仪，每条 RS-485

总线下带有多少 XSJ 系列流量积算仪就添加多少子设备。例如，一期厂房有 18 台积算仪，再考虑备份，可以添加 20 个子设备；二期厂房有 15 台积算仪，再考虑备份，可以添加 18 个子设备；三期厂房有 13 台积算仪，再考虑备份，可以添加 15 个子设备。添加方法如下：在"设备窗口"下右键单击"工具箱"，在设备列表中选择"智能仪表"，在"智能仪表"中选择"天辰仪表"，在"天辰仪表"中选择"积算 XSJ"，然后重复这个过程。组态后的设备窗口如图 9-6 所示。

图 9-6　设备窗口组态

图 9-7　父设备属性组态窗口

在选完父设备和子设备后，还要对父设备和子设备进行属性设置，右键单击相应的父设备和子设备，然后单击"属性"，父设备属性组态窗口如图 9-7 所示。在父设备属性组态窗口中，设最小采样周期为 100ms，一期、二期和三期父设备串口端口号分别定为 2-COM3、3-COM4、4-COM5。其他属性的设置如波特率、数据位、停止位、校验方式等必须参考 XSJ 系列流量积算仪的通讯属性，这二者必须一致。子设备属性组态窗口如图 9-8 所示，由"基本属性"和"通道连接"两个窗口组成。在基本属性组态窗口中，设最小采样周期为 100ms，应与父设备中的最小采样周期一致，仪表地址分别设为 1～20。在通道连接属性组态窗口中，把瞬时流量和累积流量对应的变量名写在"对应数据对象"列中即可。

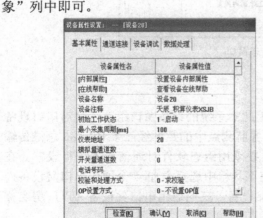

图 9-8　子设备属性组态窗口

9.3.3 主控窗口与用户窗口组态

根据工艺要求，系统为用户设计了 7 种窗体，分别是系统管理、生产流程、各点用水量、仪表历史数据、水量历史数据、曲线图显示、帮助。其中，系统管理是主控窗口，其余为用户窗口。在主控窗口中采用下拉菜单操作方式来实现不同窗口间的切换。窗体框架结构图如图 9-9 所示。

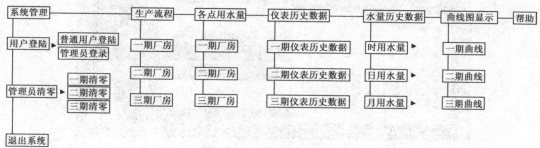

图 9-9　窗体框架结构图

下面将介绍几种主要窗体的组态设计方法。

1．主控窗口的组态设计方法

在主控窗口中，在框架树上修改添加如图 9-9 所示的单击事件；在每个单击事件中准备挂上与其相对应的用户窗口，如"生产流程"栏的"一期厂房流程图"，在框架树主干上添加菜单项并右移，成为"生产流程"节点上的一个分支，在"一期厂房流程图"上右键属性中，定义其为非下拉菜单式；在"窗口连接"中，"打开窗口"一栏中选中窗体"一期厂房"，绑定此窗口完成，其他窗口皆按此方法。组态窗口如图 9-10 所示。

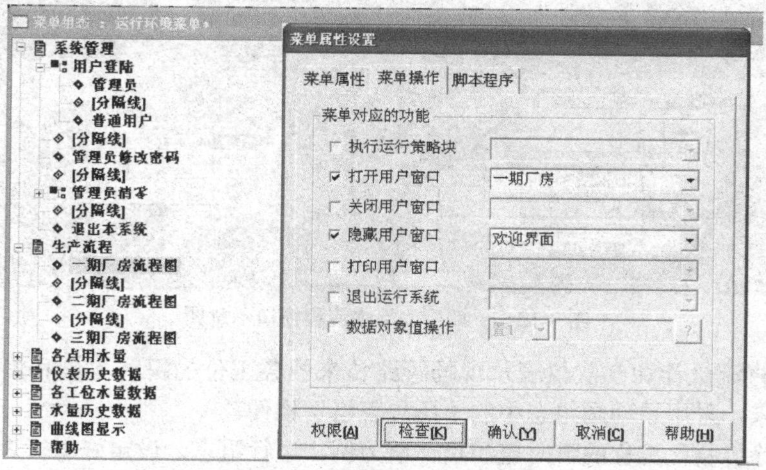

图 9-10　主控窗口示意图

根据系统要求，操作人员分为两种身份，即管理员和操作员，他们有不同的操作权限。当系统启动后，将进入"操作第一页"，操作员登录后根据各自的权限进入对应的窗口进行诸如查询、存盘、浏览、打印等操作，管理员需用密码登录，可以进入一期、二期、三期数据清零窗口进行数据清零操作，也可以更改操作员的权限，如图 9-11 所示。

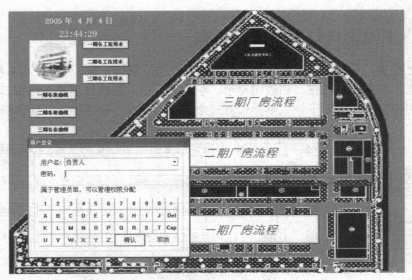

图 9-11　操作第一页示意图

2. 给水流程窗口的组态设计方法

生产流程界面是由模仿工业现场管路分布以及各工位瞬时流量和累计流量的显示组成的。图 9-12 是一期厂房给水流程窗口示意图。

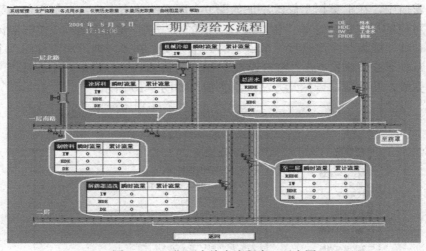

图 9-12　一期厂房给水流程窗口示意图

为了能够将流量计和二次仪表从现场管路传来的各工位的瞬时流量和累计流量值在此界面中显示出来，采用了动画组态中的"历史表格"构件。

下面以"涂屏科"工位的瞬时值和累计值为例，进行组态。设定好 4 行 3 列的历史表格后，添写表名、行标、列标（如图 9-13 所示），右键单击显示区进行数据绑定，分别选定对应的变量填入显示表格中。其余三期中所有显示表格均如此绑定。

管路设计中，蓝色表示纯水 DE，深粉色表示温纯水 HDE，绿色表示工水 IW，浅粉色表示温纯水回水 RHDE。在系统运行时，管路中显示水流效果，右键单击管路属性可设定管路的颜色和水流的流动方向，如图 9-14 所示。

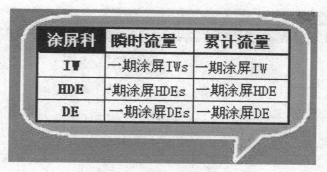

图 9-13　历史表格组态示意图

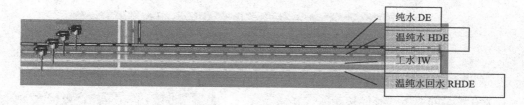

图 9-14　管路组态示意图

3．用水量窗口的组态设计方法

用水量窗口是根据系统要求，对各工位各种水的分流量、总流量进行实时的统计和显示，如"三期纯水总用量"、"三期工水总水用量"等，那么就需要一定的统计计算。这些计算将在控制策略中进行，用水量窗口将引用计算结果。组态窗口如图 9-15 所示，各种水量的显示均采用文本框。图 9-15 中列出了"三期制管科纯水瞬时流量"的文本框组态窗口，文本框组态的具体方法可参见第 3 章。

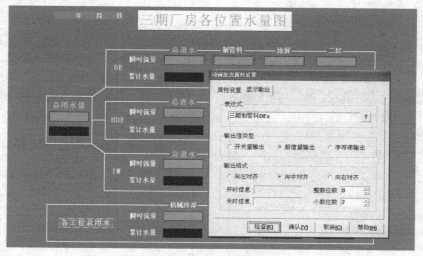

图 9-15　用水量窗口组态示意图

4．曲线图窗口的组态设计方法

本系统中需要显示的曲线很多，可分成实时曲线和历史曲线两种，分别采用实时曲线构件和历史曲线构件来进行组态。图 9-16 是一期总水量历史曲线图。

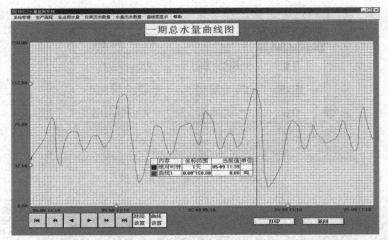

图 9-16　曲线图示意图

在设置历史曲线的属性时，主要更改 4 个属性设置，如图 9-17 所示。

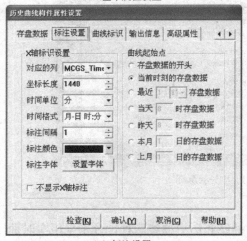

（a）基本属性设置

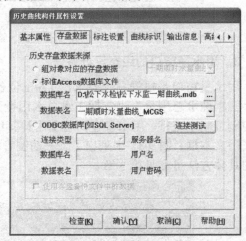

（b）存盘数据属性设置

（c）标注设置

（d）曲线标识设置

图 9-17　历史曲线属性设置

基本属性设置主要设定曲线名称、曲线网格形式、曲线网格颜色、背景颜色和曲线网格线形等；存盘数据属性设置主要设定数据来源；标注设置和标识设置主要设置 X 轴标识和曲线起始点，曲线的内容、线形、颜色，以及最大最小坐标和实时刷新。

9.3.4 运行策略组态

运行策略组态主要完成各种数据的统计、计算、产生各种报表、报警信息等工作。根据系统要求，本系统共有 33 个策略组态，如图 9-18 所示。限于篇幅，下面只介绍几个主要的策略组态。

启动策略	启动策略	当系统启动时运行
退出策略	退出策略	当系统退出前运行
循环策略	循环策略	按照设定的时间循环运行
ls1	用户策略	供其他策略、按钮和菜单等使用
策略1	事件策略	当确定的条件满足时运行
策略2	用户策略	供其他策略、按钮和菜单等使用
二期工位月报表	用户策略	供其他策略、按钮和菜单等使用
二期年报表	用户策略	供其他策略、按钮和菜单等使用
二期日报表	用户策略	供其他策略、按钮和菜单等使用
二期小时用水量	用户策略	供其他策略、按钮和菜单等使用
二期月报表	用户策略	供其他策略、按钮和菜单等使用
机械冷却报警	报警策略	当确定的报警发生时运行
历史数据1	用户策略	一期
历史数据2	用户策略	二期
历史数据3	用户策略	三期
年用量提取	用户策略	供其他策略、按钮和菜单等使用
年用量循环提取	循环策略	按照设定的时间循环运行
曲线数据提取	用户策略	供其他策略、按钮和菜单等使用
三期工位月报表	用户策略	供其他策略、按钮和菜单等使用
三期年报表	用户策略	供其他策略、按钮和菜单等使用
三期日报表	用户策略	供其他策略、按钮和菜单等使用
三期小时用水量	用户策略	供其他策略、按钮和菜单等使用
三期月报表	用户策略	供其他策略、按钮和菜单等使用
天用量提取	用户策略	按小时用量做记录,供天用量循…
天用量循环计算	循环策略	按照设定的时间循环运行
一期工位月报表	用户策略	供其他策略、按钮和菜单等使用
一期年报表	用户策略	供其他策略、按钮和菜单等使用
一期日报表	用户策略	供其他策略、按钮和菜单等使用
一期小时用水量	用户策略	供其他策略、按钮和菜单等使用
一期月报表	用户策略	供其他策略、按钮和菜单等使用
仪表历史数据提取	用户策略	供其他策略、按钮和菜单等使用
仪表数据提取	循环策略	按照设定的时间循环运行
月用量提取	用户策略	按天用量做记录,供月用量循…
月用量循环计算	循环策略	按照设定的时间循环运行

图 9-18　运行策略组态窗口示意图

1. 用于存盘的循环策略

在本系统中，循环策略中的脚本程序完成了所有的水量计算，如"三期 DEL"、"三期总用水"等，这些变量不是直接采集到的，而是在采集数据的基础上再经过一定计算得到的，循环周期为 500ms。以三期用水量为例，其程序如下：

```
k=k+1

三期涂屏 DEL = 三期涂屏 DEL+三期涂屏 DEs
三期二层 DEL = 三期二层 DEL+三期二层 DEs
三期制管 DEL = 三期制管 DEL+三期制管 DEs
三期 DEL = 三期二层 DEL+三期涂屏 DEL+三期制管 DEL

三期涂屏 HDEL = 三期涂屏 HDEL+三期涂屏 HDEs
三期二层 HDEL = 三期二层 HDEL+三期二层 HDEs
三期制管 HDEL = 三期制管 HDEL+三期制管 HDEs
三期 HDEL = 三期二层 HDEL+三期涂屏 HDEL+三期制管 HDEL
```

```
三期涂屏 IWL = 三期涂屏 IWL+三期涂屏 IWs
三期二层 IWL = 三期二层 IWL+三期二层 IWs
三期制管 IWL = 三期制管 IWL+三期制管 IWs
三期 IWL = 三期二层 IWL+三期涂屏 IWL+三期制管 IWL

三期总用水 L=三期 DEL+三期 HDEL+三期 IWL

IF k=120  THEN
    三期 DE = 三期二层 DE+三期涂屏 DE+三期制管 DE
    三期 HDE = 三期二层 HDE+三期涂屏 HDE+三期制管 HDE
    三期 IW = 三期二层 IW+三期涂屏 IW+三期制管 IW
    三期总用 = 三期 DE+三期 HDE+三期 IW

    !SaveData （三期_All）
    k=0
ENDIF
```

在上面的程序中，k 是一个计时变量，因为策略的循环周期为 500ms。因此，k=120 时相当于 1 分钟；当 k<120 时，采用累加方式计算各工位各种水的分钟瞬时流量；k=120 时，根据要求每分钟存盘一次，存盘后将 k 清零。循环策略组态窗口如图 9-19 所示，具体组态方法可参见第 4 章。

图 9-19　循环策略组态窗口示意图

2．存盘数据提取构件

由于该系统需存储的数据量很大，经常需要把数据库内的一个数据表提取到另一个数据表中，因此需要使用存盘数据提取功能构件。

以一期每月用量为例，从策略工具箱中，把存盘数据提取构件选择到策略行上，打开其属性，如图 9-20 所示，"数据来源"页中选择该工程文件运行后的数据库 bmcc.mdb 中的数据表"一期天用水量"；"数据选择"页中选取全部该表中的数据；"数据输出"页中将这些数据输出到"一期天用量"数据表中，提取方式为"求和"方式，提取时间间隔是 1 天。

在本系统中，"小时用量"、"天用量"、"月用量"、"年用量"均采用存盘数据提取构件来一级一级地进行数据提取；另外，根据要求，"天用量"、"月用量"、"年用量"均要打印报表，因此可以采用用户策略进行，"小时用量"因时间短故采用循环策略。

3．存盘数据浏览构件

在本系统中，许多数据需要经常性的浏览，如"天用量"、"月用量"、"年用量"等各种报表就需要经常浏览和打印，这些功能可采用存盘数据浏览构件实现。以一期日报表为例，从策略工具箱中，把存盘数据浏览构件选择到策略行上，打开其属性，如图 9-21 所示；窗口标题为"日报表"，统计方式为求总和；"数据来源"页中选择该工程文件运行后的数据库 bmcc.mdb 中的数据表"存盘 1_MCGS"；"显示属性"页中所有数据的显示位数都设为 2 位。

上面的数据存盘浏览构件策略在运行时将产生如图 9-22 所示的报表。

图 9-20　数据存盘提取构件设置

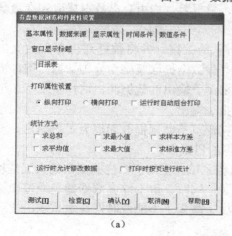

（a）

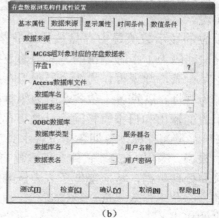

（b）

图 9-21　数据存盘浏览构件设置

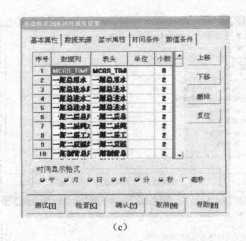

(c)   (d)

图 9-21   数据存盘浏览构件设置（续）

图 9-22   存盘数据浏览表格

3 个仪表历史数据窗体由三个存盘数据浏览策略直接生成，分别设定数据源为组对象存盘一、存盘二、存盘三，再按上述组态方法实现了现场管路流量的及时显示。

9 个水量历史数据窗体分为时报表、日报表、月报表，均由存盘数据提取和存盘数据浏览构件实现。

日报表的显示数值是由存盘数据提取策略引入的数据，并将数据通过存盘数据浏览策略，以提取间隔为 1 小时输出的。其中的数据是存盘数据提取策略由分钟数据提取，输出至数据库中某一表，此表再作为 3 个日报表存盘数据浏览输出的数据源，这样实现了 3 个以每小时水量为行标，各期各工位各水类为纵标的日报表输出。

月报表的输出和日报表相同，只是将存盘数据浏览策略以提取间隔为 1 日输出，实现了 3 个以每日水量为行标，各期各工位各水类为纵标的日报表。

总的来说，应用 MCGS 软件实现水量自动监控系统，避免了以往的复杂的人工巡检、监测、记录和处理数据，从而降低了人力资源的浪费；同时，由于许多数据都是经过计算机进行处理的，因此工作效率进一步提高，在相当程度上减少了不能及时发现水系统的故障而给生产带来的损失。

习 题 9

9-1 在本章所述的水监控系统中，具体要求如下：

① 根据表 9-1、表 9-2、表 9-3 列出系统的全部变量。

② 根据图 9-6、图 9-7、图 9-8 所述的方法做出全部的设备组态。

③ 根据图 9-9、图 9-10 做出主控窗口的组态。

④ 做出一期、二期、三期的总用水实时曲线及历史曲线。

⑤ 做出一期 IW 的年用水策略组态。

附 录 A

表 A.1　运行环境操作函数使用方法说明

函 数 名 称	功 能	参 数 说 明
!CallBackSvr(DatName)	调用后台对象	DatName一对象名
!ChangeLoopStgy(StgyName,n)	改变循环策略的循环时间	StgyName一策略名；n一循环时间
!CloseAllWindow(WndName)	关闭除 WndName 外的所有窗口	WndName一用户窗口名
!EnableStgy(StgyName,n)	打开或关闭某个策略	StgyName一策略名；n=1 打开，n=0 关闭
!GetDeviceName(Index)	按设备顺序得到设备的名字	Index一设备号
!GetDeviceState(DevName)	按设备查询设备状态	DevName一设备名
!GetStgyName(Index)	按运行策略的顺序获得各策略块的名字	Index一运行策略顺序号
!GetWindowName(Index)	按用户窗口的顺序获得用户窗口的名字	Index一用户窗口顺序号
!GetWindowState(WndName)	按照名字取得用户窗口的状态	WndName一用户窗口名称
!SetActiveX(Activename,n,str)	向窗口中的 ActiveX 控件发出控件命令	Activename一控件名称；n一命令类型；str一命令字符串
!SetDevice(DevName,DevOp,CmdStr)	按照设备名字对设备进行操作	DevOp一设备操作码，CmdStr一设备命令字符串
!SetStgy(StgyName)	执行 StgyName 指定的运行策略	StgyName一策略名
!SetWindow(WndName，Op)	按照名字操作用户窗口	Op一操作用户窗口的方法
!SysWindow()	打开用户窗口管理窗口	无
!DisableCtrlAltDel()	屏蔽热键 Ctrl+Alt+Del	无
!EnableCtrlAltDel()	恢复热键 Ctrl+Alt+Del	无
!RestartProject()	重新启动运行环境	无

表 A.2　数据对象操作函数使用方法说明

函 数 名 称	功 能	参 数 说 明
!AnswerAlm(DatName)	应答数据对象 DatName 所产生的报警	DatName一数据对象名
!ChangeDataSave(Datname, n)	改变数据对象 Datname 存盘的周期	n一存盘时间
!ChangeSaveDat(DatName, Num1, Num2)	改变数据对象 DatName 所对应存盘数据的存盘间隔，把 Num1 小时以前的存盘数据的存盘间隔改为 Num2 秒	Num1一数值型时间量，单位小时
!CopySaveDat(Tdb, Sdb, TabName, TimeField, Flag)	复制数据库中数据表的数据	Tdb一目标数据库名；Sdb一源数据库名；TabName一数据表名；TimeField一定义的时间字段名；Flag一复制方式
!DelAllSaveDat(DatName)	删除数据对象对应的所有存盘数据	DatName一数据对象名
!DelAllAlmDat(DatName)	删除数据对象对应的所有报警存盘数据	DatName一数据对象名
!DelAlmDat(DatName, Num)	删除数据对象的报警存储数据中最早 Num 小时内的报警存储数据	Num一时间，单位小时
!DelSaveDat(DatName, Num)	删除数据对象的存盘数据中最早 Num 小时内的存盘数据	Num一时间，单位小时

函 数 名 称	功　　能	参 数 说 明
!EnableAlm(name, n)	打开/关闭数据对象的报警功能	name—变量名；n=1 表示打开报警，n=0 表示关闭报警
!EnableDataSave(name, n)	打开/关闭数据对象的定时存盘功能	n=1 表示打开定时存盘，n=0 表示关闭定时存盘
!GetAlmValue(DatName, Value, Flag)	读取数据对象的报警限值	Value—DataName 的当前的报警限值；Flag—标志要读取何种限值
!GetEventDT(EvName)	返回当前事件和上一次事件之间的时间差	EvName—事件变量名
!GetEventP(EvName)	取到当前事件的附加说明字符串	EvName—事件变量名
!GetEventT(EvName)	取到当前事件产生的时间	EvName—事件变量名
!MoveAlmDat(DatName, FileName, Num1, Num2, Flag)	把数据对象所对应的报警存盘信息中的第 Num1 小时到 Num1+Num2 小时内的报警存盘信息提取出来，转存到 FileName 所指定的数据库文件中	FileName—新的报警存盘文件名；Num1，Num2—时间，单位小时；Flag—转存标志
!MoveSaveDat(DatName, FileName, Num1, Num2, Flag)	把数据对象的存盘数据中的第 Num1 小时到 Num1+Num2 小时内的存盘数据提取出来，转存到 FileName 所指定的数据库文件中	同上
!SaveData(DatName)	把数据对象 DataName 对应的当前值存入存盘数据库中	DatName—数据对象名
!SaveDataInit()	把设置有"退出时自动保存数据对象的当前值作为初始值"属性的数据对象的当前值存入组态结果数据中作为初始值	无
!SaveDataOnTime(Tim, TimeMS, DataName)	使用指定时间保存数据	Time—使用时间函数转换出的时间量；TimeMS—指定存盘时间的毫秒数；DataName—数据对象名
!SaveSingleDataInit(Name)	把数据对象的当前值设置为初始值	Name—数据对象名
!SetAlmValue(DatName, Value, Flag)	设置数据对象的报警限值	DatName—数据对象名；Value—新的报警值；Flag—标志要操作何种限值

表 A.3　用户登录操作函数使用方法说明

函 数 名 称	功　　能	参 数 说 明
!ChangePassword()	弹出密码修改窗口，供当前登录的用户修改密码	无
!CheckUserGroup(strUserGroup)	检查当前登录的用户是否属于 strUserGroup 用户组的成员	strUserGroup—用户组名称
!Editusers()	弹出用户管理窗口，供管理员组的操作者配置用户	无
!EnableExitLogon(n)	打开/关闭退出时的权限检查	n=为 1 时表示在退出时进行权限检查，n=0 则退出时不进行权限检查
!EnableExitPrompt (n)	打开/关闭退出时的提示信息	n=1 时表示在退出时弹出提示信息对话框，n=0 则退出时不出现信息对话框
!GetCurrentGroup()	读取当前登录用户的所在用户组名	无
!GetCurrentUser()	读取当前登录用户的用户名	无
!LogOff()	注销当前用户	无
!LogOn()	弹出登录对话框	无
!GetUserNameByIndex(n)	按索引号取得当前用户名	n—索引号值
!GetGroupNameByIndex(n)	按索引号取得当前用户组名	n—索引号值
!GetProjectTotalUsers ()	取得当前工程用户总数	无

函 数 名 称	功　　能	参 数 说 明
!Ascii2I(s)	返回字符串 s 的首字母的 Ascii 值	s—字符型
!Bin2I(s)	把二进制字符串转换为数值	s—字符型
!Format(n, str)	格式化数值型数据对象	n—要转换的数值；str—转换后的格式
!Hex2I(s)	把十六进制字符串转换为数值	s—字符型
!I2Ascii(s)	返回指定 Ascii 值的字符	s—字符型
!I2Bin(s)	把数值转换为二进制字符串	s—字符型
!I2Hex(s)	把数值转换为十六进制字符串	s—字符型
!I2Oct(s)	把数值转换为八进制字符串	s—字符型
!InStr(n, str1, str2)	查找一字符串在另一字符串中最先出现的位置	n—开始搜索的位置；str1—被搜索的字符串；str2—要搜索的字符串
!Lcase(str)	把字符型数据对象 str 的所有字符转换成小写	str—字符串
!Left(str, n)	字符型数据对象 str 左边起，取 n 个字符	n—字符个数；str—源字符串
!Len(str)	求字符型数据对象 str 的字符串长度（字符个数）	str—字符串
!Ltrim(str)	把字符型数据对象 str 中最左边的空格剔除	str—字符串
!lVal(str)	将数值类字符串转化为长整型数值	str—字符串
!Mid(str, n, k)	从字符型数据对象 str 左边第 n 个字符起，取 k 个字符	str—源字符串；n—起始位置；k—字符数
!Oct2I(s)	把八进制字符串转换为数值	s—字符型
!Right(str, n)	从字符型数据对象 str 右边起，取 n 个字符	str—源字符串 n—字符数
!Rtrim(str)	把字符型数据对象 str 中最右边的空格剔除	str—字符串
!Str(x)	将数值型数据对象 x 的值转换成字符串	x—数据对象
!StrComp(str1, str2)	比较字符型数据对象 str1 和 str2 是否相等	str1—字符串 1；str2—字符串 2
!StrFormat(FormatStr,任意个数变量)	格式化字符串	FormatStr—格式化字符串
!Trim(str)	把字符型数据对象 str 中左右两端的空格剔除	str—字符串
!Ucase(str)	把字符型数据对象 str 的所有字符转换成大写	str—字符串
!Val(str)	把数值类字符型数据对象的值转换成数值	str—字符串

表 A.5　定时器操作函数使用方法说明

函 数 名 称	功　　能	参 数 说 明
!TimerClearOutput(定时器号)	断开定时器的数据输出连接	定时器号
!TimerRun(定时器号)	启动定时器开始工作	定时器号
!Format(n, str)	格式化数值型数据对象	定时器号
!TimerStop(定时器号)	停止定时器工作	定时器号
!TimerSkip(定时器号, 步长值)	在计时器当前时间数上加/减指定值	定时器号，步长值
!TimerReset(定时器号, 数值)	设置定时器的当前值	定时器号，数值
!TimerValue(定时器号, 0)	取定时器的当前值	定时器号，数值
!TimerStr(定时器号, 转换类型)	以时间类字符串的形式返回当前定时器的值	定时器号，转换类型值
!TimerState(定时器号)	取定时器的工作状态	定时器号
!TimerSetLimit(定时器号, 上限值, 参数 3)	设置定时器的最大值	定时器号，上限值，参数 3=0 或 1
!TimerSetOutput(定时器号, 数值型变量)	设置定时器的值输出连接的数值型变量	定时器号，数值
! TimerWaitFor(定时器号, 数值)	等待定时器工作到"数值"指定的值后，脚本程序才向下执行	定时器号，数值

表 A.6　系统操作函数使用方法说明

函 数 名 称	功　　能	参 数 说 明
!AppActive(Title)	激活指定的应用程序	Title—所要激活的应用程序窗口的标题
!Beep()	发出嘀鸣声	无
!EnableDDEConnection(DatName,n)	启动/停止数据对象的 DDE 连接	DatName—数据对象名；n=1，表示启动数据对象的 DDE 连接,n=0,则停止数据对象的 DDE 连接
!EnableDDEInput(DatName,n)	启动/停止数据对象的 DDE 连接时外部数值的输入	同上
!EnableDDEOutput (DatName,n)	启动/停止数据对象的 DDE 连接时向外部输出数值	同上
!LinePrtOutput (str)	输出到行式打印机	str—字符串
!PlaySound(SndFileName, Op)	播放声音文件	SndFileName—声音文件的名字;Op—播放类型
!SendKeys(str)	将一个或多个按键消息发送到活动窗口	str—要发送的按键消息
!SetLinePrinter(n)	打开/关闭行式打印输出	n=1 表示打开行式打印输出，n=0 表示关闭行式打印输出
!SetTime(n1, n2, n3, n4, n5, n6)	设置当前系统时间	n1~n6—年、月、日、小时、分钟、秒
!Shell(pathname, windowstyle)	启动并执行指定的外部可执行文件	Pathname—要执行的外部应用程序的名称；windowstyle—被执行的外部应用程序窗口的状态
!Sleep(mTime)	在脚本程序中等待若干毫秒,然后再执行下条语句	mTime—等待的毫秒
!TerminateApplication(AppName, Timeout)	强行关闭指定的应用程序	AppName—应用程序标题名；Timeout—等待超时时间
!WaitFor (Dat1, Dat2)	在脚本程序中等待设置的条件满足,脚本程序再向下执行	Dat1—条件表达式；Dat2—等待条件满足的超时时间
!WinHelp(HelpFileName,uCommand, dwData)	调用 Windows 帮助文件	HelpFileName—帮助文件名；Ucommand—调用类型；dwData—上下文编号的数值
!Navigate(WebAddress)	引导浏览器浏览其他的网页	WebAddress—所要浏览的网址
!DDEReconnect( )	重新检查并恢复所有的 DDE 连接	无
!ShowDataBackup( )	显示数据备份恢复对话框	无

表 A.7　数学函数使用方法说明

函 数 名 称	功　　能	参 数 说 明
!Atn(x)	反正切函数	x—数值型
!Arcsin(x)	反正弦函数	x—数值型
!Arccos(x)	反余弦函数	x—数值型
!Cos(x)	余弦函数	x—数值型
! Sin(x)	正弦函数	x—数值型
!Tan(x)	正切函数	x—数值型
!Exp(x)	指数函数	x—数值型
!Log(x)	对数函数	x—数值型
!Sqr(x)	平方根函数	x—数值型
!Abs(x)	绝对值函数	x—数值型
!Sgn(x)	符号函数	x—数值型
!BitAnd(x,y)	按位与	x，y—开关型
!BitOr(x,y)	按位或	x，y—开关型
!BitXor(x,y)	按位异或	x，y—开关型

函 数 名 称	功 能	参 数 说 明
!BitClear(x,y)	指定位置 0，即从 0 位开始的第 y 位置 0	x，y—开关型
!BitSet(x,y)	指定位置 1，即从 0 位开始的第 y 位置 1	x，y—开关型
!BitNot(x)	按位取反	x—数值型
!BitTest(x,y)	从 0 位开始到 y 位止检测指定位是否为 1	x，y—开关型
!BitLShift(x,y)	从 0 位开始向左移动 y 位	x，y—开关型
!BitRShift(x)	从 0 位开始向右移动 y 位	x，y—开关型
!Rand(x,y)	生成 x 和 y 之间的随机数	x，y—数值型

表 A.8 文件操作函数使用方法说明

函 数 名 称	功 能	参 数 说 明
!FileAppend(strTarget, strSource)	将文件 strSource 中的内容添加到文件 strTarget 后面使两文件合并为一个文件	strTarget—目标文件路径；strSource—源文件路径
!FileCopy(strSource, strTarget)	将源文件 strSource 复制到目标文件 strTarget，若目标文件已存在，则将目标文件覆盖	strTarget—目标文件路径；strSource—源文件路径
!FileDelete(strFilename)	将 strFilename 文件删除	str1 被删除的文件路径
!FileFindFirst(strFilename, objName,objSize, objAttrib)	查找第一个名字为 strFilename 的文件或目录	strFilename—要查找的文件名；objAttrib—查找结果的属性；objSize—查找结果的大小；objname—查找结果的名称
!FileFindNext(FindHandle,objName, objSize, objAttrib)	根据 FindHandle 提供的句柄，继续查找下一个文件或目录	FindHandle—句柄；objAttrib—查找结果的属性；objSize—查找结果的大小；objName，一查找结果的名称
!FileIniReadValue(strIniFilename, strSection, strItem, objResult)	从配置文件（.ini 文件）中读取一个值	trIniFilename—配置文件的文件名；strSection—读取数据所在的节的名称；strItem，一读取数据的项名；objResult—保存读到的数据
!FileIniWriteValue(strIniFilename, strSection, strItem, objResult)	向配置文件（.ini 文件）中写入一个值	strIniFilename，一配置文件的文件名；strSection—读取数据所在的节的名称；strItem—读取数据的项名；objResult—保存读到的数据
!FileMove(strSource, strTarget)	将文件 strSource 移动并改名为 strTarget	strTarget—目标文件路径；strSource—源文件路径
!FileReadFields(strFilename, lPosition, 任意个数变量)	从 strFilename 指定的文件中读出 CSV（逗号分隔变量）记录	strFilename—文件名；lPosition—数据开始位置
!FileReadStr(strFilename, lPosition, lLength, objResult)	从 strFilename 指定文件（需为.dat 文件）中的 lPosition 位置开始，读取 lLength 个字节或一整行，并将结果保存到 objResult 字符型数据对象中	strFilename—文件名；lPosition—数据开始位置；lLength—要读取数据的字节数；objResult—存放结果的数据对象
!FileSplit(strSourceFile,strTargetFile, FileSize)	把一个文件切开为几个文件	strSourceFile—准备切开的文件名；strTargetFile—切开后的文件名；FileSize—切开的文件的最大大小，单位是 MB
!FileWriteFields(strFilename, lPosition，任意个数变量)	向 strFilename 指定的文件中写入 CSV（逗号分隔变量）记录	strFilename—文件名；lPosition—数据开始位置
!FileWriteStr(strFilename, lPosition, str, Rn)	向指定文件 strFilename 中的 lPosition 位置开始，写入一个字符串，或一整行	strFilename—文件名；lPosition—数据开始位置

表 A.9　ODBC 数据库函数使用方法说明

函 数 名 称	功　能	参 数 说 明
!ODBCOpen(strDatabastName, strSQL, strName)	打开指定的数据库中的数据表，并为该数据库连接指定一个名字	strDatabastName—数据库名；strSQL—SQL 语句；strName—指定数据连接名
!ODBCSeekToPosition(strName, lPosition)	跳转到数据库的指定的行	strName—数据库连接名；lPosition—指定跳转的行
!ODBCClose(strName)	关闭指定的数据连接	strName—数据库连接名
!ODBCConnectionCloseAll()	关闭当前使用的所有的 ODBC 数据库	无
!ODBCConnectionCount()	获取当前使用的所有 ODBC 数据库的个数	无
!ODBCConnectionGetName(lID)	获取指定的 ODBC 数据库的名称	lID—开关型
!ODBCDelete(strName)	删除由指定的数据库的当前行	strName—数据连接名
!ODBCEdit(strName)	在指定的 ODBC 数据库中用当前连接的数据对象的值修改数据库当前行	strName—数据连接名
!ODBCExecute(strName, strSQL)	在打开的数据中，执行一条 SQL 语句	strName—数据连接名；strSQL—SQL 语句
!ODBCGetCurrentValue(strName)	获取数据库当前行的值	strName—数据连接名
!ODBCGetRowCount(strName)	获取 ODBC 数据库的行数	strName—数据连接名
!ODBCIsBOF(strName)	判断 ODBC 数据库的当前位置是否位于所有数据的最前面	strName—数据连接名
!ODBCIsEOF(strName)	判断 ODBC 数据库的当前位置是否位于所有数据的最后面	strName—数据连接名
!ODBCMoveFirst(strName)	移动到数据库的最前面	strName—数据连接名
!ODBCMoveLast(strName)	移动到数据库的最后面	strName—数据连接名
!ODBCMoveNext(strName)	移动到数据库的下一个记录	strName—数据连接名
!ODBCMovePrev(strName)	移动到数据的上一个记录	strName—数据连接名
!ODBCBind(strName, 任意个数变量)	把若干数据对象绑定到 ODBC 数据库上	strName—数据连接名
!ODBCAddnew(strName)	在 ODBC 数据库中，用当前连接的数据对象的值添加一行	strName—数据连接名

表 A.10　配方操作函数使用方法说明

函 数 名 称	功　能	参 数 说 明
!RecipeLoad(strFilename, strRecipeName)	装载配方文件	strFilename—配方文件名；strRecipeName—配方表名
!RecipeMoveFirst(strRecipeName)	移动到第一个配方记录	strRecipeName—配方表名
!RecipeMoveLast(strRecipeName)	移动到最后一个配方记录	strRecipeName—配方表名
!RecipeMoveNext(strRecipeName)	移动到下一个配方记录	strRecipeName—配方表名
!RecipeMovePrev(strRecipeName)	移动到前一个配方记录	strRecipeName—配方表名
!RecipeSave(strRecipeName, strFilename)	保存配方文件	strFilename—配方文件名；strRecipeName—配方表名
!RecipeSeekTo(strRecipeName, DataName,str)	查找配方	strRecipeName—配方表名；DataName—数据对象名；Str—数据对象对应的值
!RecipeSeekToPosition(strRecipeName, rPosition)	跳转到配方表指定的记录	strRecipeName—配方表名；rPosition—指定跳转的记录行
!RecipeSort(strRecipeName, DataName,Num)	配方表排序	strRecipeName—配方表名；DataName—数据对象名；Num—排列类型，0 或 1
!RecipeClose(strRecipeName)	关闭配方表	strRecipeName—配方表名
!RecipeDelete(strRecipeName)	删除配方表当前配方	strRecipeName—配方表名

函 数 名 称	功 能	参 数 说 明
!RecipeEdit(strRecipeName)	用当前数据对象的值来修改配方表中的当前配方	strRecipeName—配方表名
!RecipeGetCount(strRecipeName)	获取配方表中配方的个数	strRecipeName—配方表名
!RecipeGetCurrentPosition(strRecipeName)	获取配方表 strRecipeName 中当前的位置	strRecipeName—配方表名
!RecipeGetCurrentValue(strRecipeName)	将配方表中的值装载到与其绑定的数据对象上	strRecipeName—配方表名
!RecipeInsertAt(strRecipeName, rPosition)	将当前数据对象的值，添加到配方表所指定的记录行上	strRecipeName—配方表名
!RecipeBind(strRecipeName, 任意个数变量)	把若干数据对象绑定到配方表上	strRecipeName—配方表名
!RecipeAddNew(strRecipeName)	在配方表中，用当前连接的数据对象的值添加一行	strRecipeName—配方表名

表 A.11 时间运算函数使用方法说明

函 数 名 称	功 能	参 数 说 明
!TimeStr2I(strTime)	将表示时间的字符串转换为时间值	strTime—时间字符串
!TimeI2Str(iTime, strFormat)	将时间值转换为字符串表示的时间	iTime—时间值；strFormat—转换后的时间字符串的格式
!TimeGetYear(iTime)	获取时间值 iTime 中的年份	iTime—时间值
!TimeGetMonth(iTime)	获取时间值 iTime 中的月份	iTime—时间值
!TimeGetSecond(iTime)	获取时间值 iTime 中的秒数	iTime—时间值
!TimeGetSpan(iTime1, iTime2)	计算两个时间 iTime1 和 iTime2 之差	iTime1、iTime2—时间值
!TimeGetDayOfWeek(iTime)	获取时间值 iTime 中的星期	ITime—时间值
!TimeGetHour(iTime)	获取时间值 iTime 中的小时	iTime—时间值
!TimeGetMinute(iTime)	获取时间值 iTime 中的分钟	iTime—时间值
!TimeGetDay(iTime)	获取时间值 iTime 中的日期	iTime—时间值
!TimeGetCurrentTime()	获取当前时间值	无
!TimeSpanGetDays(iTimeSpan)	获取时间差中的天数	iTimeSpan—时间差
!TimeSpanGetHours(iTimeSpan)	获取时间差中的小时数	iTimeSpan—时间差
!TimeSpanGetMinutes(iTimeSpan)	获取时间差中的分钟数	iTimeSpan—时间差
!TimeSpanGetSeconds(iTimeSpan)	获取时间差中的秒数	iTimeSpan—时间差
!TimeSpanGetTotalHours(iTimeSpan)	获取时间差中的小时总数	iTimeSpan—时间差
!TimeSpanGetTotalMinutes(iTimeSpan)	获取时间差中的分钟总数	iTimeSpan—时间差
!TimeSpanGetTotalSeconds(iTimeSpan)	获取时间差中的秒总数	iTimeSpan—时间差
!TimeAdd(iTime, iTimeSpan)	向时间中加入由 iTimeSpan 指定的秒数	iTime—初始时间值；iTimeSpan—要加的秒数

反侵权盗版声明

　　电子工业出版社依法对本作品享有专有出版权。任何未经权利人书面许可，复制、销售或通过信息网络传播本作品的行为；歪曲、篡改、剽窃本作品的行为，均违反《中华人民共和国著作权法》，其行为人应承担相应的民事责任和行政责任，构成犯罪的，将被依法追究刑事责任。

　　为了维护市场秩序，保护权利人的合法权益，我社将依法查处和打击侵权盗版的单位和个人。欢迎社会各界人士积极举报侵权盗版行为，本社将奖励举报有功人员，并保证举报人的信息不被泄露。

举报电话：（010）88254396；（010）88258888

传　　真：（010）88254397

E-mail：　dbqq@phei.com.cn

通信地址：北京市万寿路 173 信箱
　　　　　电子工业出版社总编办公室

邮　　编：100036